Theorie und Berechnung

Elektrischer Leitungen.

Von

Dr.-Ing. H. Gallusser
Ingenieur bei Brown, Boveri & Co.,
Baden (Schweiz).

und

Dipl.-Ing. M. Hausmann
Ingenieur bei der Allgemeinen
Elektrizitätsgesellschaft, Berlin.

Mit 145 Textfiguren.

Berlin.

Verlag von Julius Springer.

1904.

ISBN-13:978-3-642-98656-7   e-ISBN-13:978-3-642-99471-5
DOI: 10.1007/978-3-642-99471-5

Softcover reprint of the hardcover 1st edition 1904

Berlin
Verlag von Julius Springer
1904

Druck von Oscar Brandstetter in Leipzig.

Ihrem früheren Lehrer,

Herrn Hofrat Professor E. Arnold,

Direktor des elektrotechnischen Instituts an der großherzogl. technischen
Hochschule Fridericiana zu Karlsruhe

als ein Zeichen ihrer Dankbarkeit und Verehrung.

Vorwort.

Die elektrischen Leitungen bilden innerhalb der Gesamtanlage den verbindenden Teil zwischen Erzeuger- und Verbrauchsstation, ihr Studium wird deshalb im allgemeinen auch erst im Anschluß an das der Generatoren, Motoren etc. erfolgen. Aus diesem Grunde wurde von der in anderen Werken vielfach üblichen Einleitung über die allgemeinen theoretischen Grundlagen der Elektrotechnik abgesehen, die Hauptgesetze vielmehr überall als bekannt vorausgesetzt. Wo im einzelnen eine Ausnahme davon gemacht wurde, geschah es der Vollständigkeit der Entwicklung wegen.

Das vorliegende Buch soll ein kurzer Abriß über die Theorie und Berechnung der elektrischen Leitungen sein, wie er einerseits für den Studierenden, der mit möglichst wenig Worten an den Kern der Sache heranzukommen sucht, von Wert sein mag, andererseits aber auch dazu beitragen mag, den Ingenieur der Praxis, der sich gerade bei der Berechnung von Leitungsnetzen nur allzuoft ungern auf theoretische Erwägungen einläßt, aus der Mannigfaltigkeit der praktischen Erscheinungen heraus zur klärenden Theorie zurückzuführen.

Die bisher gebräuchlichen Methoden zur Berechnung von geschlossenen Leitungsnetzen, wie z. B. die Methoden von Coltry, Herzog und Stark, haben sich in die weitere Praxis wenig Eingang zu verschaffen gewußt. Und es gibt heute noch ein gut Teil Ingenieure, die auf eine genaue Berechnung der Stromverteilung bei größeren Netzen — besonders in bezug auf den Ausgleich — verzichten, dafür das Netz lieber etwas reichlicher dimensionieren und es dadurch natürlich sehr oft nicht unbeträchtlich verteuern. Diese Tatsache findet wohl hauptsächlich ihre Erklärung darin, daß die Rechnungen sehr umständlich und unübersichtlich sind. Bedingen sie doch meistens die Auflösung von so viel linearen Gleichungen mit ebenso vielen Unbekannten als das Netz Knotenpunkte hat, und die Zahl dieser

Gleichungen kann bei einem großen, stark verzweigten Netz sehr erheblich werden. Außerdem, und dieser Nachteil fällt wohl stets am meisten ins Gewicht, gestatten sie beim Rechnen nur in sehr beschränktem Maße die Benutzung des Rechenschiebers. Die graphische Methode von Hochenegg, die manches für sich hat, leidet wie alle graphischen Ermittlungen daran, daß sie ungenau ist, was besonders bei größeren Netzen zu Tage tritt. Im letzteren Falle wird sie ebenfalls sehr unübersichtlich.

Bei diesem Stand der Dinge ist es zu verwundern, daß eine so ingeniöse Methode, wie die von Frick, die bereits aus dem Jahre 1894 stammt, nicht schon früher die Verbesserungen erfahren hat, die durch den Ausbau der Methoden von Coltry und Herzog und Stark gegeben waren. Dadurch wird diese Methode, die in der ursprünglichen Form allerdings wenig praktischen Wert hat und so fast der Vergessenheit anheim gefallen zu sein schien, praktisch so brauchbar und lebensfähig, wie es wohl bei allen anderen Methoden kaum der Fall sein dürfte. Ermöglicht sie es doch, das ganze Netz in sinnreicher Weise auf einen einzigen Leitungsstrang mit einer Stromabzweigung zu reduzieren, und indem man es von hier aus in seine einzelnen Teile wieder auflöst, die Stromverteilung in einfacher und übersichtlicher Weise zu ermitteln. Dabei kann man die Vorgänge im Leitungsnetz während der Rechnung so zu sagen mit verfolgen, die Rechnung selbst in jeder Phase der Entwicklung genau kontrollieren, eventuelle Fehler sofort wieder gut machen. Schließlich, und das ist das Wichtigste, kann man bei jeder Rechnung den Rechenschieber verwenden.

Allerdings führt die Methode nicht immer ganz zum Ziel. Dann nämlich, wenn die Knotenpunkte des Netzes oder vielmehr eines Bezirkes eine geschlossene Figur bilden, und man muß in diesem Fall zur Ermittlung der Stromverteilung in der geschlossenen Figur ein System von Gleichungen aufstellen. Immerhin wird auch bei solchen Netzen durch Anwendung der Reduktionsmethode die Rechnung bedeutend vereinfacht und gekürzt, die Zahl der Gleichungen auf wenige reduziert. Ist die geschlossene Figur ein Dreieck, oder aus Dreiecken zusammengesetzt, so bietet die von Kenelly und anderen angegebene Transfigurationsmethode ein willkommenes Hilfsmittel, um die Rechnung auch ohne Aufstellung von Gleichungen zu Ende zu führen.

Die Nachrechnung des Netzes auf Ausgleich, die bisher als dunkler Punkt in der Berechnung von Leitungsnetzen gelten mochte, ergibt sich mit Hilfe dieser Methode gleichsam von selbst.

Die Gleichstromleitungen sind modernen Anschauungen entsprechend nicht mehr für sich behandelt, sondern nur als spezieller

Teil der Einphasenleitungen. Überhaupt wurde die Einteilung in Ein- und Mehrphasensysteme lediglich zum Zwecke der Untersuchung vorgenommen, um die Berechnung aller Leitungsnetze schließlich auf eine einheitliche Formel mit einer Systemkonstanten zurückzuführen. Man entwirft also dementsprechend jedes Netz wie ein Einphasennetz, ermittelt sodann die Stromverteilung und berücksichtigt erst bei Festlegung der endgültigen Querschnitte das betreffende System.

Aus dem Kapitel über die Berechnung der Leitungen auf Spannungsabfall mag die Ermittelung des Spannungsabfalls bei unsymmetrisch belasteten Drehstromleitungen hervorgehoben werden, die wenig bekannt und bei der großen Bedeutung des Drehstromsystems von allgemeinem Interesse sein dürfte.

Besonders ausführlich ist die Berechnung auf Wirtschaftlichkeit behandelt, entsprechend ihrer großen praktischen Bedeutung. Dabei wurde nachgewiesen, daß eine Ermittlung der wirtschaftlichen Stromdichte, worauf man vielfach bisher den Begriff der Wirtschaftlichkeit beschränkte, im allgemeinen wenig praktischen Wert hat, das Schwergewicht der Rechnung vielmehr auf die Ermittlung der wirtschaftlich günstigsten Betriebsspannung und des Systems zu legen ist.

Den Schluß des Buches bildet ein Kapitel über die Regulierung der Anlage, das somit die Leitungen wieder in den Rahmen der Gesamtanlage einfügt.

Baden (Schweiz) und Berlin, im Oktober 1903.

Die Verfasser.

Inhaltsverzeichnis.

Viertes Kapitel.

Speiseleitungen.

Fünftes Kapitel.

Berechnung der Leitungen auf Erwärmung.

Sechstes Kapitel.

Berechnung der Leitungen auf Spannungsabfall.

Siebentes Kapitel.

Ausgleichleitungen.

Achtes Kapitel.

Berechnung der Leitungen auf Wirtschaftlichkeit.

Neuntes Kapitel.

Ermittlung der wirtschaftlich günstigsten Betriebsspannungen.

Zehntes Kapitel.

Wahl des Systems.

Elftes Kapitel.

Regulierung.

Erstes Kapitel.

Einphasennetze.

1. Allgemeines über Leitungen und deren Berechnung.

Die elektrischen Leitungen oder, richtiger gesagt, die Leitungsanlage hat bekanntlich den Zweck, die in den Zentralen erzeugte elektrische Energie fortzuleiten und an die Verbrauchsorte zu verteilen. Man unterscheidet dementsprechend hauptsächlich **Fernleitungen** (Speiseleitungen), die den hochgespannten Strom der Zentrale (meistens Wechselstrom) über weite Strecken zu den Transformatoren- oder Umformerstationen, den Unterzentralen, fortleiten, und **Verteilungsleitungen**, die innerhalb eines beschränkten Gebietes diese mit den Verbrauchsorten verbinden. Und man spricht deshalb von einer **Fernleitungsanlage** und von einer **Verteilungsanlage**. Ist das Verteilungsgebiet sehr groß, so hat man auch hier wieder zwischen dem **Hochspannungs-Verteilungsnetz**, das die Energie mit geringerem Verlust auf größere Entfernungen verteilen soll, und dem **Niederspannungs-Verteilungsnetz** zu unterscheiden. Liegt die Zentrale direkt im Verteilungsgebiet, wie es bei kleineren Anlagen meistens der Fall ist, so hat man nur ein Niederspannungsnetz.

Allgemein läßt sich sagen, daß beim Entwurf und der Berechnung elektrischer Leitungen folgende Gesichtspunkte mehr oder weniger zu berücksichtigen sind.

1. Die Leitung darf sich selbst bei doppelter Belastung nur derart erwärmen, daß jede Feuersgefahr, die hierdurch entstehen könnte, vollkommen ausgeschlossen ist.

Diese Bedingung ist für die Berechnung aller Leitungen maßgebend, und, obgleich die zulässige Erwärmungsgrenze durch den jeweiligen Zweck und die Art der Leitung bestimmt sein sollte, und z. B. bei einer Fernleitung in freier Luft der geringeren Feuersgefahr wegen höher liegen dürfte als bei isolierten Leitungen in Häusern, so lassen die Verbandsvorschriften doch allgemein nur eine Temperaturerhöhung von 10^0 zu.

2. Der Spannungsabfall in einem Leitungsnetz darf einen bestimmten Wert nicht überschreiten. Im folgenden handelt es sich vorläufig lediglich um den Spannungsabfall in den Verteilungsleitungen, und auch hier nur insofern, als diese mit zur Speisung von Lampen dienen, was allerdings meistens der Fall ist. Vom Spannungsabfall in den Verteilungsleitungen reiner Kraftanlagen sowie vom Spannungsabfall in den Fernleitungen und dessen praktischen Grenzen wird in einem späteren Kapitel ausführlich die Rede sein. Bei den Verteilungsleitungen für Lichtanlagen darf der Spannungsabfall im allgemeinen nicht mehr als $2\,^0/_0$ betragen. Bei höheren Werten und den damit verbundenen Stromschwankungen werden die Intensitätsschwankungen des Lichtes schon so beträchtlich, daß sie für das Auge auf die Dauer störend sind.

3. Die Leitungsanlage soll auch wirtschaftlich entworfen sein, d. h. die verschiedenen Einflüsse des Leitungsquerschnittes und der entsprechenden Stromdichte, der Spannung der Gesamtanlage, der Amortisation und der Verzinsung derselben etc. sind so gegeneinander abzuwägen, daß die jährlichen Gesamtausgaben ein Minimum oder die Rentabilität der Anlage ein Maximum wird. Eine solche Berechnung auf Wirtschaftlichkkeit ist besonders für die Speiseleitungen erforderlich; bei den Verteilungsleitungen ist man durch die Rücksicht auf den Spannungsabfall gebunden.

2. Einteilung der Leitungen.

Bei allen folgenden Untersuchungen soll von der Berücksichtigung der Selbstinduktion und Kapazität, die bekanntlich jede Leitung mehr oder weniger besitzt, vorläufig abgesehen werden, da ihr Einfluß im allgemeinen verhältnismäßig sehr gering und erst bei Anlagen mit langen Fernleitungen und großen Stromstärken resp. hohen Betriebsspannungen in Rechnung zu ziehen ist.

Bezüglich der verwendeten Stromart teilt man die Leitungsnetze ein in

Einphasennetze (Gleichstromnetze inbegriffen),
Dreileiternetze und
Mehrphasennetze.

Ist die Belastung beim Einphasensystem induktionsfrei und sieht man vom Einfluß der Selbstinduktion und Kapazität ab, so sind die Einphasen- und Gleichstromleitungen in der Berechnung vollkommen identisch. Man kann daher die Gleichstromleitungen als speziellen Fall der Einphasenleitungen auffassen, und aus diesem Grunde sind die ersteren hier auch nicht für sich behandelt. Im folgenden soll zuerst von den Einphasenleitungen, und zwar unter der Annahme, daß die Belastung induktionsfrei ist, die Rede sein.

Die stromverbrauchenden Apparate im Leitungsnetz können bekanntlich auf zwei verschiedene Arten geschaltet werden, die sich prinzipiell voneinander unterscheiden:

1. hintereinander oder in Serie
2. nebeneinander oder parallel.

Im ersteren Falle, bei der **Serieschaltung**, ist der Strom in allen Nutzwiderständen gleich groß, während die Spannung an den Klemmen derselben verschieden sein kann; bei der **Parallelschaltung** ist es gerade umgekehrt: Die Klemmenspannung aller Apparate ist konstant (abgesehen vom Spannungsabfall in der Leitung selbst), der Strom in den einzelnen Widerständen kann dagegen verschieden sein. Die Serieschaltung nennt man deshalb auch Schaltung auf Strom, die Parallelschaltung Schaltung auf Spannung.

Will man bei der Serieschaltung einen Nutzwiderstand aus dem Stromkreise ausschalten, so muß man die Klemmen desselben zuerst kurz schließen, da sonst der Stromkreis unterbrochen wird. Damit aber der Strom im Gesamtstromkreise konstant bleibt, muß die Spannung E an den Hauptklemmen K_1 und K_2 (Fig. 1) um

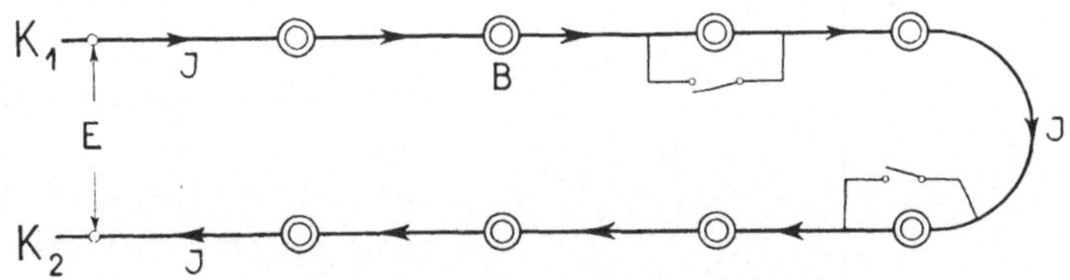

Fig. 1. Schema der Serieschaltung.
K_1, $K_2 =$ Klemmen. $B =$ Bogenlampen.

den Betrag, der dem ausgeschalteten Apparate entspricht, vermindert werden, denn es ist

$$J = \frac{E}{\Sigma R} \quad \cdots \cdots \cdots \quad (1)$$

wo ΣR die Summe der Widerstände der Leitung und der stromverbrauchenden Apparate bedeutet.

Die Serieschaltung, die früher in Amerika für Bogenlampen ausgedehnte Verwendung fand, hat für Leitungsnetze heute nur noch wenig Bedeutung, man wendet vielmehr fast ausschließlich die Parallelschaltung an, dessen Schema in seiner einfachsten Form in Fig. 2 aufgezeichnet ist. Die Leitung AA' ist die Hinleitung, die

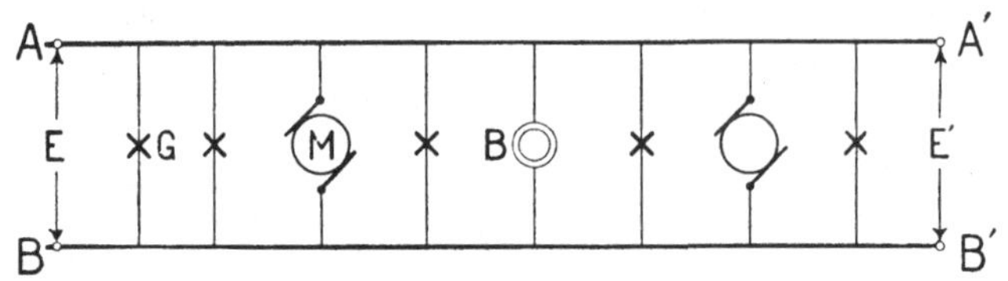

Fig. 2. Schema der Parallelschaltung.
$G =$ Glühlampen, $B =$ Bogenlampen, $M =$ Motoren.

den Nutzwiderständen den Strom zuführt, BB' die Rückleitung. Die in den Leitungen AA' und BB' fließenden Ströme verursachen einen Spannungsabfall, die Klemmenspannung E bleibt also für die einzelnen Nutzwiderstände M, G und B nicht konstant, sondern nimmt von AB bis $A'B'$ stetig ab. Und die Kenntnis dieses Spannungsabfalles in allen Teilen eines Leitungsnetzes ist für die Beurteilung des Netzes bezüglich der richtigen Dimensionierung unbedingt erforderlich. Bevor man aber diesen Spannungsabfall bestimmen kann, muß man die **Stromverteilung** im Leitungsnetz kennen, d. h. man muß wissen, welcher Strom in jedem einzelnen Leiter des ganzen Netzes fließt. Der Spannungsabfall läßt sich dann für einen beliebigen Punkt des Netzes in einfacher Weise berechnen.

Die Leitungen mit Parallelschaltung lassen sich wiederum einteilen in **offene und geschlossene Leitungen.** Eine offene Leitung ist dadurch charakterisiert, daß die elektrische Energie den stromverbrauchenden Apparaten des Leitungsnetzes nur von einer Seite aus zugeführt wird.

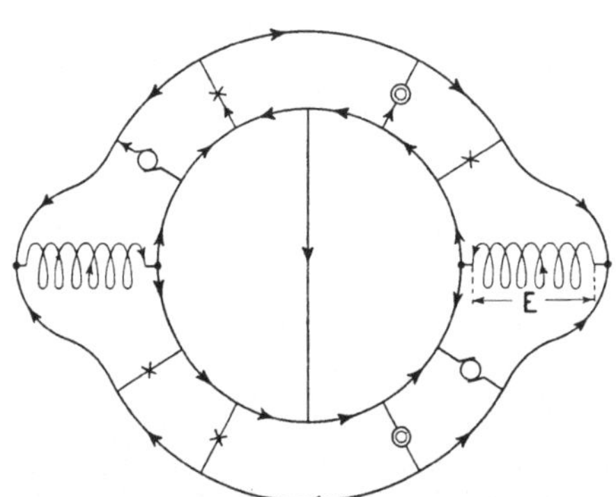

Fig. 3. Schema einer geschlossenen Leitung.

Fig. 2 ist eine solche offene Leitung. Der Strom fließt hier den Glühlampen G, Motoren M und Bogenlampen B nur von einer Seite aus zu, z. B. von A oder B, nicht aber von A und A' resp. von B und B' zugleich.

Bei geschlossenen Leitungen bildet sowohl der stromzuführende wie auch der stromabführende Teil der Leitung eine ein- oder mehrfach geschlossene Figur, oder, mit anderen Worten, der Strom kann den Nutzwiderständen, je nach der Belastung des Netzes, von zwei oder auch mehr Seiten zufließen. In Fig. 3 ist eine geschlossene Leitung dargestellt.

3. Offene Leitungen bei induktionsfreier Belastung (Glühlampen).

Der besseren Übersichtlichkeit wegen ist in Fig. 4 nur die eine Hälfte der betrachteten Leitung ausgezogen. Die punktiert gezeichnete, die in allen folgenden Figuren fortgelassen ist, ist genau symmetrisch und verhält sich auch bezüglich der Stromverteilung ganz gleich. Der im gesamten Leitungsnetz auftretende Spannungsabfall ist natürlich doppelt so groß wie der in der einen Hälfte ermittelte.

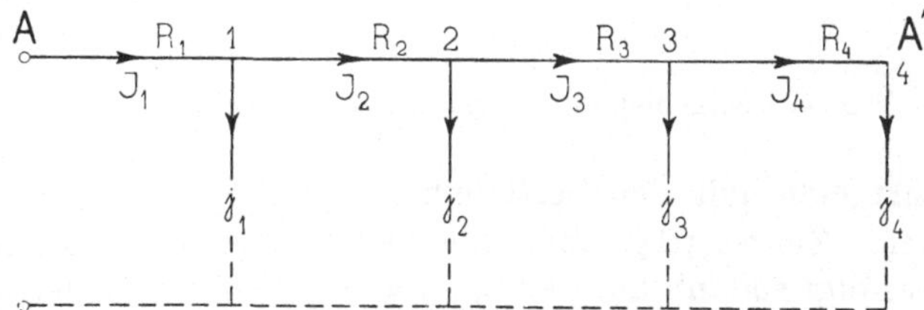

Fig. 4.　Schema einer einfachen offenen Leitung.
j_1, j_2 ... = Belastungsströme, J_1, J_2 ... = Leitungsströme.

In den Punkten 1, 2, 3 und 4 zweigen die Ströme j_1, j_2, j_3 und j_4 ab, die durch die Größe der Nutzwiderstände als gegeben zu betrachten sind. Die in der Leitung $A A'$ fließenden Ströme, deren Größe wir bestimmen wollen, mögen mit J_1, J_2 u. s. w. bezeichnet werden. Die gesuchte Stromverteilung erhält man dann am einfachsten, wenn man vom Ende der Leitung, von Punkt 4 ausgeht. Denn hier ist der in der Leitung von 3 nach 4 fließende Strom J_4 gleich dem abgezweigten Strom j_4, also

$$J_4 = j_4.$$

Und unter Anwendung des ersten Kirchhoff'schen Gesetzes findet man weiter

$$J_3 = j_3 + j_4,$$
$$J_2 = j_2 + j_3 + j_4 \text{ und}$$
$$J_1 = j_1 + j_2 + j_3 + j_4.$$

Man kennt somit die Stromverteilung in der Leitung $A\,A'$ und kann nun leicht den Spannungsabfall ΔE in derselben bestimmen, denn

$$\Delta E = \Sigma J R \quad \ldots \ldots \quad (2)$$

wo unter R_1, R_2, ... die den Strömen J_1, J_2 ... entsprechenden Widerstände der Teilstrecken $A\,1$, 12, 23 u. s. w., und zwar für Hin- und Rückleitung, zu verstehen sind. Bei komplizierteren offenen Leitungen, wie eine solche in Fig. 5 schematisch veranschaulicht

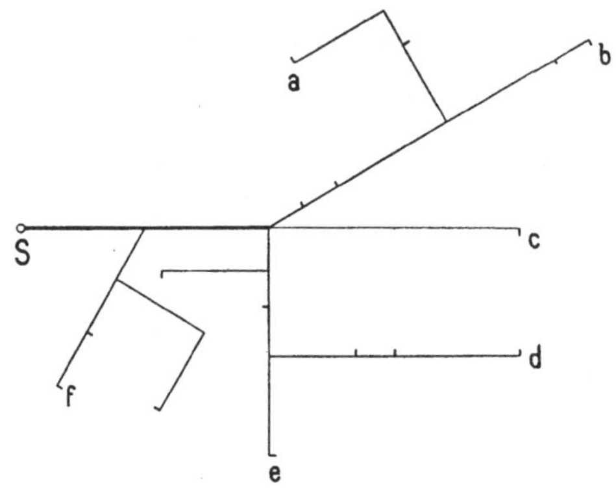

Fig. 5. Allgemeines Schema einer offenen Leitung.

ist, verfährt man mit der Bestimmung der Stromverteilung genau so wie oben. Zuerst trägt man die Belastungsströme im Leitungsnetz ein, verfolgt sodann die Leitung von den äußeren Enden a, b, c ... aus gegen S zu unter Mitnahme der einzelnen Abzweigströme j und erhält damit die Stromverteilung, aus der man den gesuchten Spannungsabfall leicht ermitteln kann.

4. Beispiel.

In Fig. 6 ist ein offenes Leitungsnetz mit den Belastungsströmen und den entsprechenden Querschnitten aufgezeichnet, wie es bei einer Fabrikanlage oder einer größeren Hausinstallation vorkommt.

Es bedeutet daselbst, wie in allen folgenden Beispielen,

     ⑦⓪, ⑯ . . . den Querschnitt des betreffenden Leitungsstranges in mm²,

     24, 12, 55 ... die Länge desselben in m,

     5, 10, 30 ... die Belastungsströme in Amp.

Es seien ferner stets j_1, j_2 ... die Abzweigströme, J_1, J_2 ... die Ströme in den einzelnen Leitern. Fig. 7 zeigt das Leitungsnetz mit der ermittelten Stromverteilung.

Bezeichnen wir mit $\varDelta E_a$ den Spannungsabfall von S bis a,
mit $\varDelta E_b$ „ „ „ S bis b
u. s. w., so ist

$$\varDelta E_a = J \cdot \frac{l}{q} \cdot 2 \cdot \varrho \quad . \quad . \quad . \quad . \quad . \quad . \quad (3)$$

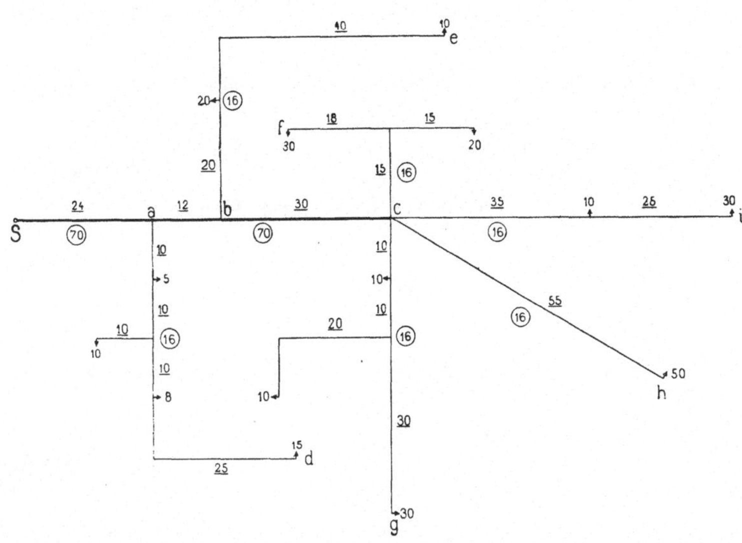

Fig. 6. Beispiel eines offenen Leitungsnetzes.

wo $\varrho = 0{,}0175$ bekanntlich den spez. Widerstand für Leitungs-
kupfer, l und q die Längen resp. Querschnitte der Leitung bedeuten,

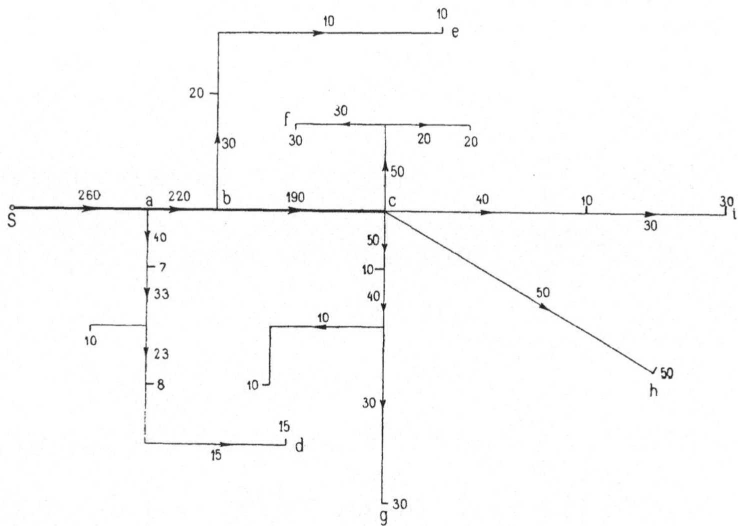

Fig. 7. Stromverteilung im Leitungsnetz von Fig. 6.

und der Faktor 2 die Hin- und Rückleitung berücksichtigt. Führen
wir die entsprechenden Zahlenwerte in die Gleichungen ein, so wird

$$\varDelta E_a = 260 \cdot \frac{24}{70} \cdot 2 \cdot 0{,}0175 = 3{,}12 \text{ Volt,}$$

$$\varDelta E_b = \varDelta E_a + 220 \cdot \frac{12}{70} \cdot 2 \cdot 0{,}0175 = 3{,}12 + 1{,}32 = 4{,}44 \text{ Volt,}$$

$$\varDelta E_c = \varDelta E_b + 190 \cdot \frac{30}{70} \cdot 2 \cdot 0{,}0175 = 4{,}44 + 2{,}85 = 7{,}39 \text{ Volt,}$$

$$\varDelta E_d = \varDelta E_a + \frac{2 \cdot 0{,}0175}{16} [40 \cdot 10 + 33 \cdot 10 + 23 \cdot 10 + 15 \cdot 25]$$
$$= 3{,}12 + 2{,}92 = 6{,}04 \text{ Volt,}$$

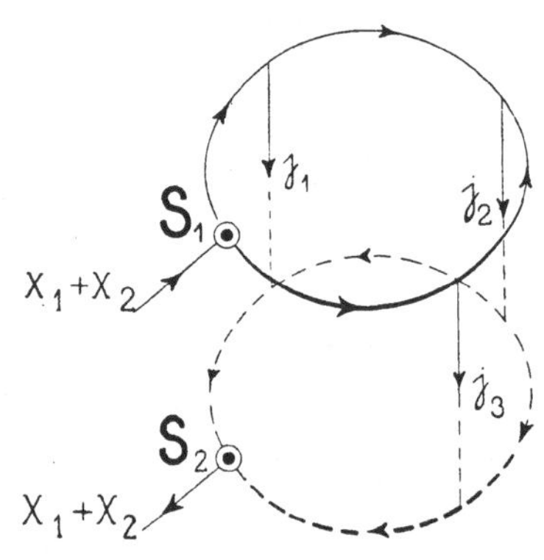

Fig. 8. Einfachster Fall einer geschlossenen Leitung.
S_1 und S_2 = Speisepunkte.

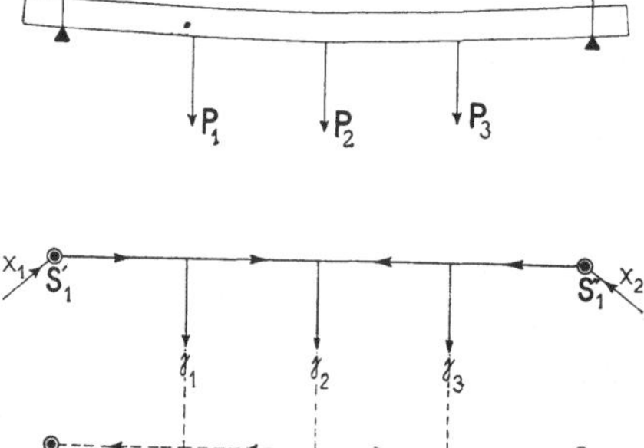

Fig. 9. Schema der geschlossenen Leitung in Fig. 8.

$$\varDelta E_e = \varDelta E_b + \frac{2 \cdot 0{,}0175}{16} [30 \cdot 20 + 10 \cdot 40] = 4{,}44 + 2{,}19 = 6{,}63 \text{ Volt,}$$

$$\varDelta E_f = \varDelta E_c + \frac{2 \cdot 0{,}0175}{16} [50 \cdot 15 + 30 \cdot 18] = 7{,}39 + 2{,}82 = 10{,}21 \text{ Volt,}$$

$$\varDelta E_g = \varDelta E_c + \frac{2 \cdot 0{,}0175}{16} [50 \cdot 10 + 40 \cdot 10 + 30 \cdot 30] = 7{,}39 + 3{,}94$$
$$= 11{,}33 \text{ Volt,}$$

$$\varDelta E_h = \varDelta E_c + \frac{2 \cdot 0{,}0175}{16} [50 \cdot 55] = 7{,}39 + 6{,}03 = 13{,}42 \text{ Volt,}$$

$$\varDelta E_i = \varDelta E_c + \frac{2 \cdot 0{,}0175}{16} [40 \cdot 35 + 30 \cdot 25] = 7{,}39 + 4{,}71 = 12{,}10 \text{ Volt.}$$

Der größte Spannungsabfall des Netzes tritt also im Punkte
h auf.

5. Geschlossene Leitungen bei induktionsfreier Belastung.

Der einfachste Fall einer geschlossenen Leitung ist in Fig. 8 dargestellt. Schneiden wir den Ring auf, wie dies in Fig. 9 getan ist, so ändert sich an den ganzen Verhältnissen gar nichts, nur müssen wir annehmen, daß die Punkte S_1' und S_1'' genau die gleiche Spannung haben, da sie dem Punkte S_1 in Figur 8 entsprechen. Dieser Umstand ermöglicht es uns, die Stromverteilung in einfacher Weise zu ermitteln, indem wir die Summe der Spannungsverluste von S_1' bis S_1'' bilden, die natürlich gleich Null sein muß. Die Punkte S_1' und S_1'' bezeichnet man als **Speisepunkte**, da von ihnen aus der Leitung der Strom zugeführt wird.

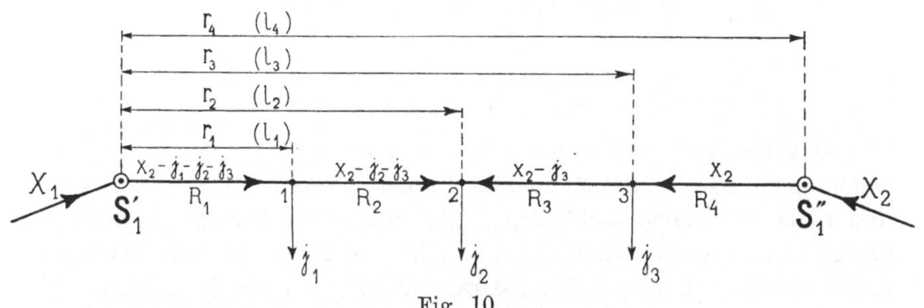

Fig. 10.

Stromverteilung in der geschlossenen Leitung von Fig. 8 resp. 9.

Es sei in Fig. 10

x_1 der zum Punkte S_1' hinfließende Strom,

x_2 „   „   „   „ S_1'' „   „

$R_1, R_2 \ldots R_4$ seien die Widerstände der Strecken $S_1'\,1$, $1\,2$, $2\,3$ u. s. w.

$r_1, r_2 \ldots r_4$ „   „   „   „   „   „ $S_1'\,1$, $S_1'\,2$, $S_1'\,3$ „

$l_1, l_2 \ldots l_4$ die entsprech. Längen „   „ $S_1'\,1$, $S_1'\,2$, $S_1'\,3$ „

Die Summe der Spannungsverluste von S_1' bis S_1'' ist dann

$$R_1 \cdot (x_2 - j_1 - j_2 - j_3) + R_2 (x_2 - j_2 - j_3) + R_3 (x_2 - j_3) + R_4 \cdot x_2 = 0$$

oder

$$j_1 (R_1) + j_2 (R_1 + R_2) + j_3 (R_1 + R_2 + R_3) - x_2 (R_1 + R_2 + R_3 + R_4) = 0,$$

da aber

$$R_1 = r_1, \quad R_1 + R_2 = r_2, \quad R_1 + R_2 + R_3 = r_3 \text{ und}$$

$$R_1 + R_2 + R_3 + R_4 = r_4,$$

so wird $\qquad\qquad j_1 r_1 + j_2 r_2 + j_3 r_3 - x_2 r_4 = 0.$

Hieraus folgt

$$x_2 = \frac{j_1\,r_1 + j_2\,r_2 + j_3\,r_3}{r_4} = \frac{\Sigma j \cdot r}{r_4} \quad . \quad . \quad . \quad (4)$$

Ebenso ist

$$x_1 = x_2 - j_1 - j_2 - j_3 = \frac{\Sigma j \cdot r}{r_4},$$

wenn die Widerstände r und die Längen l von S_1'' ausgerechnet werden. Der Spannungsabfall ist natürlich an derjenigen Abnahmestelle am größten, wo der Strom von zwei Seiten her zufließt.

Ist der Querschnitt der Leitung $S_1'S_1''$ konstant, so hebt sich in der Gleichung für $x_2 \ldots \frac{\varrho}{q}$ im Zähler und Nenner heraus, denn $r = \frac{l}{q}\varrho$, und es ist dann auch

$$x_2 = \frac{j_1 \cdot l_1 + j_2\,l_2 + j_3 \cdot l_3}{l_4} = \frac{\Sigma j \cdot l}{l_4} \quad . \quad . \quad . \quad (5)$$

Das Produkt $j \cdot l$ nennen wir **Strommoment**, analog der Bezeichnungsweise in der Mechanik, indem wir den Strom j als Kraft und l als Hebelarm auffassen. Die gesuchten Ströme x_1 und x_2 (vergleiche Fig. 9) sind dann nichts anderes als die Auflagereaktionen, wenn der Leitungsstrang $S_1'S_1''$ als ein in S_1' und S_1'' frei aufliegender Träger betrachtet wird, der durch die Kräfte P_1, P_2 und P_3 beansprucht ist.

Durch diesen Vergleich gewinnen die Vorgänge im Leitungsnetz sehr an Anschaulichkeit, und man kann auch, genau so wie in der Statik, Leitungsaufgaben graphisch lösen, wie dies Hochenegg in seinem Lehrbuch über elektrische Leitungen durchgeführt hat. Derartige graphische Methoden zur Bestimmung der Stromverteilung haben aber wie alle graphischen Ermittelungen den Nachteil, daß sie ungenau sind, was besonders bei größeren Netzen zutage tritt. Auch werden sie in letzterem Falle sehr unübersichtlich. Außerdem, und das ist das Wichtigste, führt die hier angewendete analytische Methode wesentlich schneller zum Ziel als die graphischen, und aus diesen Gründen soll von der Behandlung der letzteren hier abgesehen werden.

Bei allen folgenden Berechnungen der Stromverteilung kommt nur noch die Formel 5 zur Anwendung, da wir, wie wir später sehen werden, jedes Leitungsnetz, sei es nachzurechnen oder zu entwerfen, auf einen Einheitsquerschnitt reduzieren. Dadurch fallen ϱ und q aus der Rechnung heraus, und man hat es nur noch mit den Längen zu tun, wodurch die Rechnung wesentlich vereinfacht wird. Wir bezeichnen deshalb im folgenden die Widerstände nur noch durch ihre Längen.

Auf Seite 5 hatten wir eine geschlossene Leitung dahin definiert, daß sie eine geschlossene Figur bilden muß, und daß der Strom den Nutzwiderständen, je nach der Belastung des Netzes, von zwei oder mehr Seiten aus zufließen kann. Fig. 9 stellte den einfachsten Fall einer geschlossenen Leitung dar. Fig. 11 zeigt uns ein Beispiel für den allgemeinen Fall, das einem größeren Leitungsnetz entnommen ist.

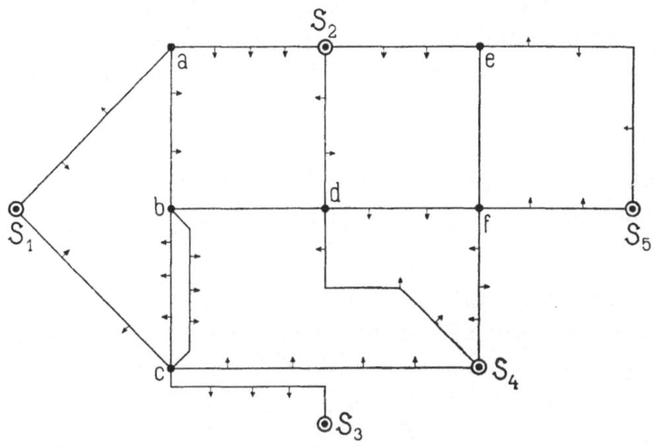

Fig. 11. Allgemeiner Fall einer geschlossenen Leitung.

S_1, S_2 .... $=$ Speisepunkte, a, b, c .... $=$ Knotenpunkte.

Die Punkte $S_1\,S_2\ldots$, in denen dem Netz der Strom zugeführt wird, bezeichnet man, wie schon erwähnt, als **Speisepunkte**, die Punkte a, b, $c\ldots$, in denen drei oder mehr Leitungsstränge des Netzes zusammentreffen, eine Stromzuführung aber nicht erfolgt, als **Knotenpunkte**. Die Speisepunkte stehen mit der Zentrale durch die Speiseleitungen direkt in Verbindung und werden von hier aus, wie wir später sehen werden, auf möglichst konstante Spannung reguliert. Wir nehmen daher für die Berechnung stets an, daß ihre Spannung konstant ist. Die Spannung der Knotenpunkte untereinander variiert dagegen je nach der Entfernung vom Speisepunkte und der Belastung des Netzes.

Die Stromverteilung einer solchen geschlossenen Leitung (Fig. 11) erhalten wir am einfachsten dadurch, daß wir dieses Netz durch folgende Überlegung auf ein solches, das nur in den Knotenpunkten belastet ist, reduzieren, um mit Hilfe der hierdurch bestimmten Stromverteilung die wahre Stromverteilung des Netzes zu finden.[1]

Denkt man sich bei einer einfachen Leitung zwei Ströme abgezweigt (Fig. 12), so wird jeder Strom, für sich betrachtet, eine ganz bestimmte Stromverteilung und einen entsprechenden Spannungsabfall hervorrufen, die von den Wirkungen des anderen Stromes vollkommen unabhängig sind. Dieses Verhalten erklärt sich aus der Linearität des Kirchhoffschen Gesetzes, und es gestattet uns die Anwendung des Satzes von der **Superposition**. Das Gesetz der Superposition gilt allgemein in der Physik, wo der Zusammenhang zwischen Ursache und Wirkung linearer Natur ist. So in der Mechanik, wo bekanntlich die Kraft k_1, die auf einen Körper von der Masse $m = 1$ wirkt, numerisch gleich seiner Beschleunigung p_1 ist

$$k_1 = p_1.$$

Wirkt auf dieselbe Masse die Kraft k_2, so erhält sie die Beschleunigung p_2

$$k_2 = p_2.$$

Und wenn die Kräfte k_1 und k_2 auf die Masse $m = 1$ gleichzeitig und in derselben Richtung wirken, so ist die Gesamtbeschleunigung p gleich der Summe der Einzelbeschleunigungen

$$p = p_1 + p_2.$$

Kommen wir auf unseren in Fig. 12 skizzierten Fall zurück, so können wir sagen, daß keiner der beiden Ströme im Leiter einen besonderen Zustand hervorrufen kann, der die Verteilung des anderen Stromes irgendwie beeinflußt. Die Kurve der Abhängigkeit des Stromes von der Spannung ist also eine Gerade, im Gegensatz z. B. zur Magnetisierungskurve des Eisens. Dementsprechend betrachten wir jeden Strom der Leitung für sich, ermitteln die durch ihn hervorgerufene Stromverteilung und legen dann diese Stromverteilungen übereinander oder superponieren sie, um die wahre Stromverteilung zu erhalten. Für unser Beispiel (Fig. 12) ist dies in den folgenden drei Figuren (13, 14 und 15) durchgeführt.

Aus dem eben Gesagten ergibt sich ohne weiteres, daß es auch zulässig ist, einem Leitungsnetz zwecks Ermittelung der wahren Stromverteilung Ströme, die in Wirklichkeit nicht vorhanden sind, hinzuzufügen und nachher wieder wegzunehmen.

---

[1] Diese Reduktionsart ist zuerst von Herzog u. Feldmann angegeben worden. (Siehe E. T. Z. 1893, Seite 11.)

Um nun die gesamte Stromverteilung der geschlossenen Leitung in Fig. 11 zu berechnen, verfährt man folgendermaßen:

I. Man betrachtet außer den bereits vorhandenen Speisepunkten auch noch sämtliche Knotenpunkte als Speisepunkte. Dann zerfällt das ganze Netz in lauter einfache Leitungsstränge, die von beiden Enden aus gespeist werden, und die Berechnung der Stromverteilung eines solchen Stranges haben wir schon auf Seite 5 kennen gelernt. Für das ganze Netz die Berechnung von diesem Gesichtspunkte aus durchgeführt, erhalten wir in demselben eine bestimmte Stromverteilung, bei welcher die Ströme dem Netze nicht nur durch die Speisepunkte $S_1 S_2 \ldots$, sondern auch durch die Knotenpunkte $a, b, c \ldots$ zufließen, wie dies in Fig. 16 veranschaulicht ist.

Fig. 12.

Fig. 13.

Fig. 14.

Fig. 15.
Superposition der Leitungsströme.

Diese letzteren Ströme nennen wir **Knotenpunktströme** und bezeichnen sie mit j_a, j_b, ...

II. Man bestimmt die Stromverteilung des gleichen Netzes unter der Annahme, daß nur die Knotenpunkte a,

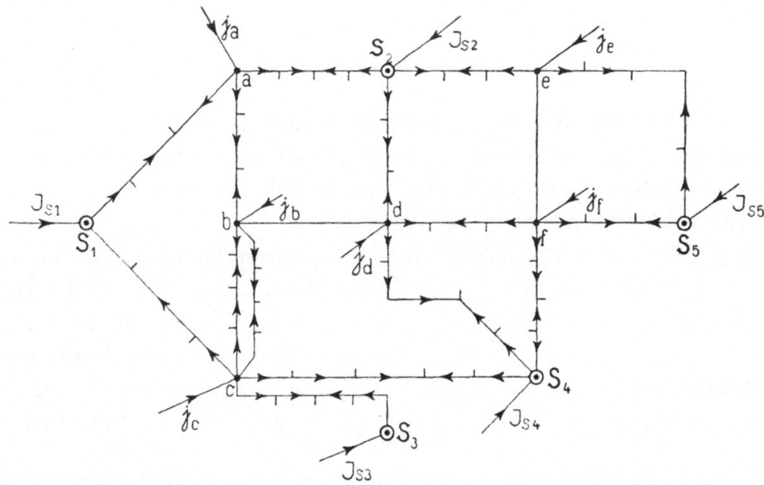

Fig. 16. Stromverteilung in der geschlossenen Leitung der Fig. 11, unter der Annahme, daß auch die Knotenpunkte Speisepunkte sind.

b, c, ... und zwar durch die Knotenpunktströme j_a, j_b, ...
belastet sind. In Fig. 17 ist diese Stromverteilung angegeben.
Bei I haben wir dem Netz Ströme (Knotenpunktströme) zugeführt,
die ihm in Wirklichkeit nicht zufließen. Um diese Ströme zu

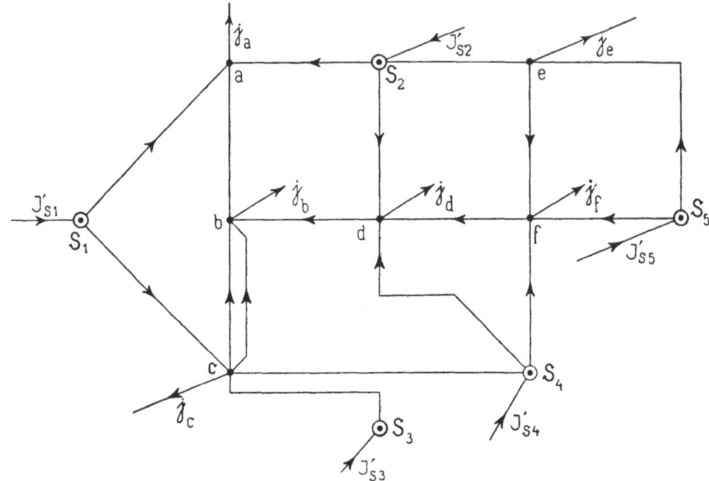

Fig. 17. Stromverteilung in der geschlossenen Leitung der Fig. 11, unter der
Annahme, daß nur die Knotenpunkte, und zwar durch die Knotenpunktströme, belastet sind.

eliminieren, belasten wir bei II das Netz ausschließlich mit denselben und zwar in den entsprechenden Knotenpunkten, um dann
durch Superposition der für I und II gefundenen Stromverteilungen die wahre Stromverteilung zu finden.

Die Berechnung der Stromverteilung für den Fall I. ist sehr
einfach und von früher her schon bekannt (Seite 5). Nicht aber
so für II, wo, wie wir sahen, das Netz nur in den Knotenpunkten
belastet ist. Um für diesen speziellen Fall die Stromverteilung zu
ermitteln, wendet man am besten die **Reduktionsmethode**[1]) an, die
sich auf folgende Überlegung stützt:

Fig. 18 stellt eine Leitung mit konstantem Querschnitt dar, die
durch die Speisepunkte S_1 und S_2 mit Strom versehen wird. In a
zweigt der Strom j_a, in b der Strom j_b ab. Durch die hierdurch
bedingte Stromverteilung wird im Punkte b ein ganz bestimmter
Spannungsabfall ΔE_b auftreten. Um nun die Stromverteilung zu
finden, verlegen wir den in a abgezweigten Strom mit nach b,

---

[1]) Diese Methode lehnt sich im Prinzip an die von Frick veröffentlichte
an. (Siehe Zeitschr. für Elektr. Wien 1894. Seite 265.) Vergl. auch H. Gallusser, E. T. Z. 1903. Heft 17.

d. h. wir nehmen in b, abgesehen von dem bereits vorhandenen Abzweigstrom j_b, noch den Strom $j_{ab} = j_a \cdot \dfrac{l_1}{l_1 + l'}$ ab. Hierdurch ändert sich die Summe der Strommomente bis zum Punkte b von S_1 aus gerechnet nicht, denn es ist

$$\left(j_a \cdot \frac{l_1}{l_1 + l'} + j_b \right)(l_1 + l') = j_a\, l_1 + j_b\,(l_1 + l').$$

Infolgedessen behält der Strom J_2 seine Größe bei, ganz gleich ob in a der Strom j_a oder in b der Strom j_{ab} abzweigt, und der Spannungsabfall im Punkte b bleibt daher derselbe.

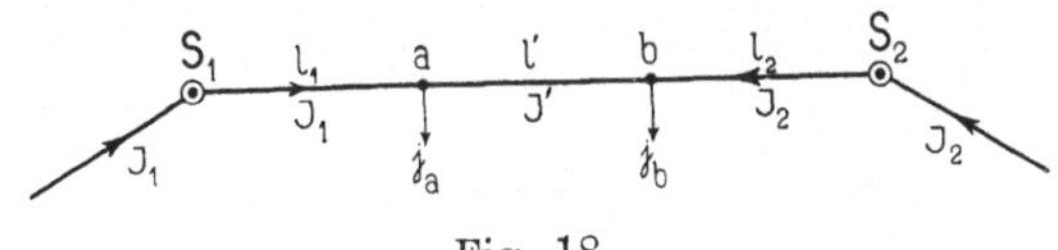

Fig. 18.

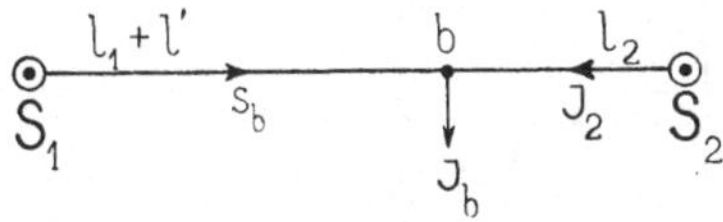

Fig. 19.

Reduktion der Belastungsströme.

Fig. 19 zeigt die Verlegung des Stromes j_{ab} nach b

$$j_{ab} + j_b = J_b.$$

J_b bezeichnet man als **reduzierten Belastungsstrom**. Die Zuführung des Stromes J_b verteilt sich auf die beiden Leitungen $S_1 b$ und $S_2 b$, und zwar, da wir konstanten Querschnitt annahmen, umgekehrt proportional ihren Längen. Es ist somit (Fig. 18)

$$J_2 = J_b \frac{l_1 + l'}{l_1 + l' + l_2}$$

und der von S_1 nach b fließende **Summenstrom**

$$s_b = J_b \frac{l_2}{l_1 + l' + l_2} = J_b - J_2.$$

Für die wahren Leitungsströme J' und J_1 (Fig. 18) folgt dann

$$J' = s_b - j_{ab}$$
$$J_1 = s_b - j_{ab} + j_a.$$

Erweitern wir jetzt unsere Betrachtungen und wenden wir die soeben gewonnenen Ergebnisse auf unser Beispiel (Fig. 17) an. Wir waren von der Annahme ausgegangen, daß die Leitung konstanten Querschnitt hat, wir müssen daher sämtliche Leitungsteile des Netzes auf ein und denselben Querschnitt bringen, multiplizieren also die Länge der betreffenden Leitung mit der Verhältniszahl zwischen dem Einheits- und ihrem Querschnitt. Dadurch wird der Widerstand des Netzes und seiner einzelnen Leitungsstränge nicht geändert, nur die Längen ändern sich. Parallel geschaltete Leitungen, wie z. B. die beiden Leitungen $b\,c$ (Fig. 17) werden durch eine Leitung vom Widerstand beider und vom Einheitsquerschnitt ersetzt. Zum Schluß werden alle Leitungsteile fortlaufend nume-

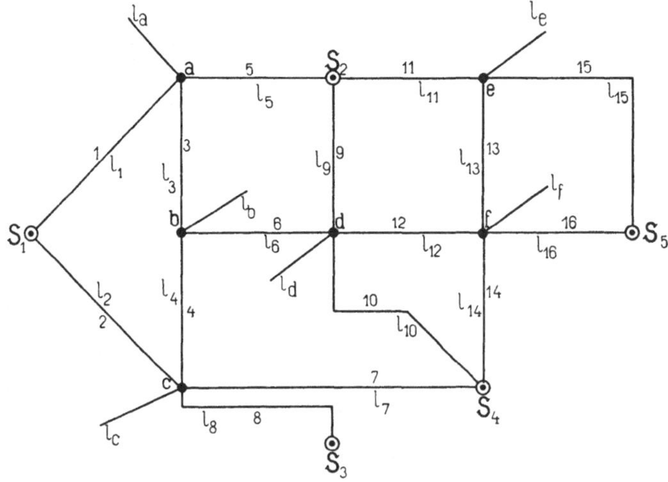

Fig. 20.   Schema für die Reduktion der geschlossenen Leitung in Fig. 11.

riert und ihre entsprechenden Längen mit l_1, l_2 . . ., die in ihnen fließenden Ströme, die der wahren Stromverteilung entsprechen, und die wir ermitteln wollen, mit J_1, J_2, . . . bezeichnet. (Fig. 20.)

Jetzt beginnt die eigentliche Rechnung. Zuerst reduzieren wir das ganze Leitungsnetz, und zwar unter gleichzeitiger Verlegung der Ströme, auf einen einfachen Leitungsstrang. Wo man mit der Reduktion beginnt, ist gleichgültig, nur muß man dort anfangen, wo zwei oder mehr Leitungsstränge mit Speisepunkten direkt in Verbindung stehen, also z. B. bei a, c oder f (Fig. 20), nicht aber bei b. Fangen wir bei a an. Die parallel geschalteten Leitungen $S_1\,a$ und $S_2\,a$ ersetzen wir durch ihren kombinierten Widerstand l_a, d. h. durch eine Leitung von demselben Widerstand. Da wir den Querschnitt auch für diesen Widerstand konstant halten, so verändert sich wiederum nur die Länge. Es wird somit

$$l_a = \frac{l_1 \cdot l_5}{l_1 + l_5}$$

und der von a nach b mit zu verlegende Strom

$$j_{ab} = j_a \cdot \frac{l_a}{l_a + l_3}.$$

Hierauf kombiniert man die Widerstände der Leitungen l_a und l_3. Dieselben sind in Serie geschaltet, die Länge für ihren kombinierten Widerstand ist also $= l_a + l_3$.

Da im Punkte b außer der bereits kombinierten Leitung $l_a + l_3$ noch 2 Leitungen (l_4 und l_6) zu 2 Knotenpunkten (nicht Speisepunkten) führen, so muß erst die eine dieser Leitungen mit einer ihrer Nachbarleitungen, die sie direkt mit einem Speisepunkte verbindet, in gleicher Weise kombiniert und reduziert werden. Am einfachsten geschieht dies mit l_4, weil der Knotenpunkt c, abgesehen von l_4 selbst, nur mit Speisepunkten in Verbindung steht, l_6 dagegen mit einem Knotenpunkte verbunden ist, von dem aus Leitungen nicht nur zu Speisepunkten, sondern auch zu Knotenpunkten führen.

Die Kombination der Leitungen $l_2\, l_7$ und l_8 ergibt nun

$$l_c = \frac{l_2 \cdot l_7 \cdot l_8}{l_2 \cdot l_7 + l_7 \cdot l_8 + l_8 \cdot l_2}$$

und der Strom j_c, nach b verlegt, wird

$$j_{cb} = j_c \cdot \frac{l_c}{l_c + l_4}.$$

Der reduzierte Belastungsstrom des Knotenpunktes b ist somit

$$J_b = j_b + j_{ab} + j_{cb}.$$

So kombiniert man weiter:

$$l_c + l_4 \quad \text{und} \quad l_a + l_3 \quad \text{und erhält } l_b,$$

verlegt dann den Strom J_b weiter nach d, kombiniert wieder $l_b + l_6$ mit l_9 und l_{10} u. s. w., bis das ganze Netz auf einen einfachen Leitungsstrang mit einer einzigen Stromabnahme reduziert ist. Am besten läßt sich dies schematisch veranschaulichen.

Kombination der Widerstände.

$$\begin{array}{l}
l_1 \\ l_5
\end{array} \Big\rangle\, l_a + l_3 \searrow \qquad \begin{array}{l} l_{15} \\ l_{11} \end{array} \Big\rangle\, l_e + l_{13} \searrow$$

$$\qquad\qquad\qquad \Big\rangle\, l_b + l_6 \; \begin{array}{l} l_9 \\ l_{10} \end{array}\!\!\searrow\, l_d + l_{12} \longrightarrow\, l_f.$$

$$\begin{array}{l}
l_2 \\ l_8 \\ l_7
\end{array} \Big\rangle\, l_c + l_4 \nearrow \qquad\qquad\qquad\qquad\qquad\quad l_{14} \nearrow$$

Verlegung der Ströme.

$$\left.\begin{array}{c} j_a - j_{ab} \\ j_c - j_{cb} \end{array}\right\rangle + j_b = J_b \text{———} J_{bd} + j_d = J_d \text{———} J_{df} + j_f + j_{ef} = J_f.$$

Das ganze Leitungsnetz ist also auf den einfachen, von zwei
Seiten gespeisten Leitungsstrang der Fig. 21 reduziert worden,
dessen Länge $l_f + l_{16}$ ist, und dessen Abzweigstrom J_f sämtlichen
reduzierten Knotenpunktströmen entspricht.

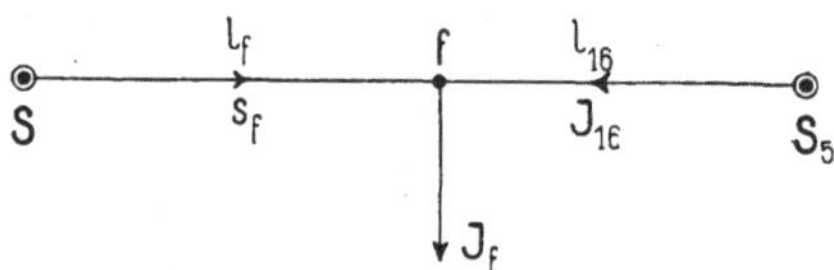

Fig. 21. Reduzierter Leitungsstrang für die Fig. 20.

Fassen wir den bisherigen Rechnungsgang, bevor wir weiter
gehen, noch einmal kurz zusammen, so beruht also das Prinzip
der Reduktion darauf, daß man von n Leitungen, die in einem
Knotenpunkte zusammentreffen, $n-1$ Leitungen durch eine Leitung
von derselben Leitfähigkeit ersetzt. Dann kann der Strom dieses
Knotenpunktes verlegt werden, wie dies vorhin geschehen ist, und
indem man dies für alle Knotenpunkte nacheinander durchführt,
kommt man auf einen einfachen Leitungsstrang mit einem einzigen
Abzweigstrom.

In unserm Beispiel (Fig. 21) ist J_f der Reduktionsstrom, l_f die
reduzierte Länge. Der Spannungsabfall in f ist also genau derselbe wie im wirklichen Leitungsnetz.

Der von S_5 nach f fließende Strom

$$J_{16} = J_f \cdot \frac{l_f}{l_f + l_{16}}$$

der von S nach f fließende somit

$$J_f - J_{16} = s_f.$$

Wir kennen jetzt einen wahren Strom des Leitungsnetzes, den
Strom J_{16}, gehen nun auf demselben Wege, auf dem wir gekommen
sind (Fig. 20), zum ursprünglichen Netz zurück unter Auflösung
des bekannten Summenstromes s_f in seine Komponenten und erhalten dadurch die wahren Ströme der einzelnen Leitungen.

Der Strom s_f wird dem Punkte f durch drei Leitungen zugeführt, deren Längen l_{14}, $l_d + l_{12}$ und $l_e + l_{13}$ (siehe Kombination
der Widerstände und Fig. 22) sind.

Da sich der Strom s_f auf die drei Leitungen im umgekehrten Verhältnis ihrer Längen verteilt, so ist

$$J_{14} = s_f \cdot \frac{l_f}{l_{14}}$$

$$s_{ef} = s_f \cdot \frac{l_f}{l_e + l_{13}}$$

$$s_{df} = s_f \cdot \frac{l_f}{l_d + l_{12}}.$$

Der wahre Strom der Leitung 13 wird nach Seite 15

$$J_{13} = s_{ef} - j_{ef}{}^{1}).$$

Somit (Fig. 23)

$$J_{11} + J_{15} = j_e + J_{13}$$

also

$$J_{11} = (j_e + J_{13}) \cdot \frac{l_e}{l_{11}}$$

und

$$J_{15} = (j_e + J_{13}) \cdot \frac{l_e}{l_{15}}.$$

Ganz analog wird

$$J_{12} = s_{df} - J_{df}.$$

Wenn die Rechnung bis dahin richtig ist, so muß

$$J_{12} + J_{13} + J_{14} + J_{16} = j_f$$

sein, man kann also jederzeit leicht kontrollieren.

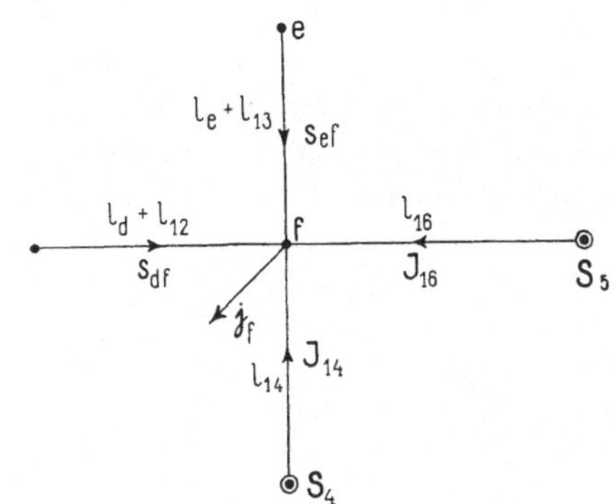

Fig. 22.

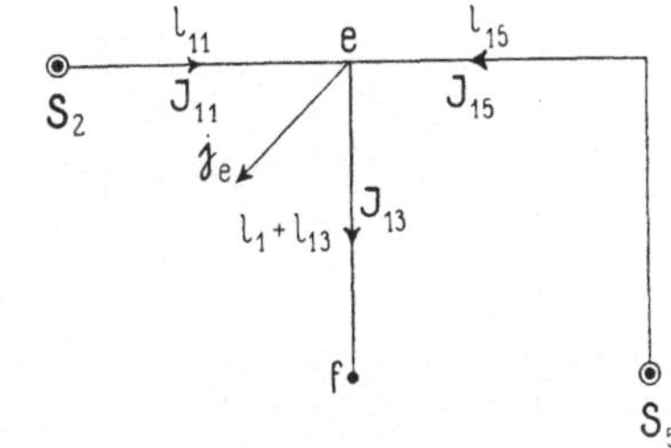

Fig. 23.

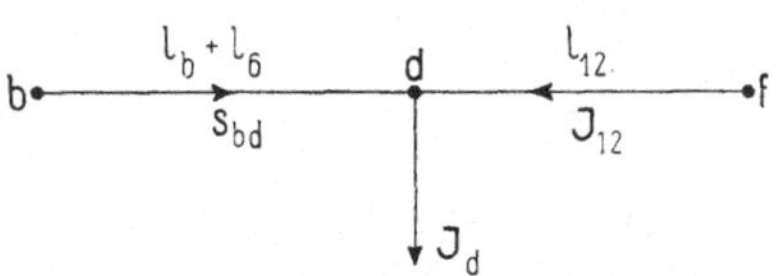

Fig. 24.

Für den folgenden Punkt d (Fig. 24), wird der reduzierte Belastungsstrom J_d, und da von d nach f der Strom J_{12} fließt, so ist

$$s_{bd} = J_d - J_{12}.$$

Der Strom s_{bd} wird dem Knotenpunkte d durch die drei Leitungen l_9, $l_b + l_6$ und l_{10} zugeführt u. s. w. So fährt man fort, bis man schließlich am Ausgangspunkte a wieder angelangt ist und alle wahren Ströme ermittelt hat und zwar für den Fall, daß nur die Knotenpunkte belastet sind.

---

[1]) Man achte genau auf das Vorzeichen.

6. Beispiel.

In Fig. 25 ist das Netz eines Stadtbezirkes dargestellt. Als Belastungen sind nicht die Ströme in Amp., sondern die Anzahl der Lampen eingetragen, wie dies allgemein üblich ist. Bei der späteren Berechnung des Spannungsabfalls multipliziert man dann einfach jedes Glied $\Sigma J \cdot R$ mit dem Strom einer Lampe.

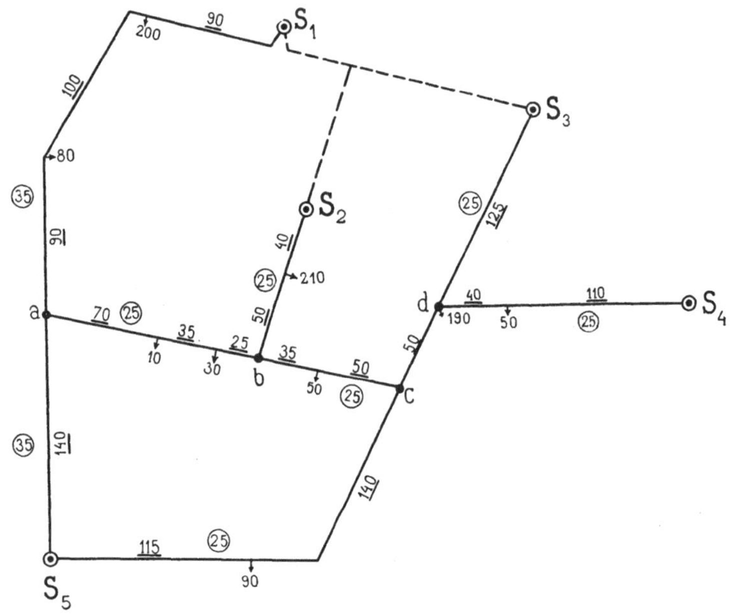

Fig. 25. Beispiel einer geschlossenen Leitung (Stadtbezirk).

Die Bestimmung der Stromverteilung dieses Netzes geschieht nun folgendermaßen.

1. Man betrachtet außer den bereits vorhandenen Speisepunkten $S_1, S_2, \ldots$ auch noch die Knotenpunkte a, b, c und d als Speisepunkte.

Für die Leitung $S_1 a$ nach Gleichung (5) Seite 10

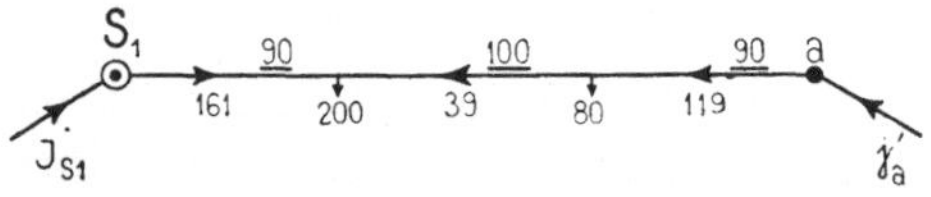

Fig. 26.

$$j_a' = \frac{90 \cdot 200 + 190 \cdot 80}{280} = 119 \text{ Lampen,}$$

$$J_{s_1} = 280 - 119 = 161 \text{ L.}$$

Für die Leitung $a\,b$

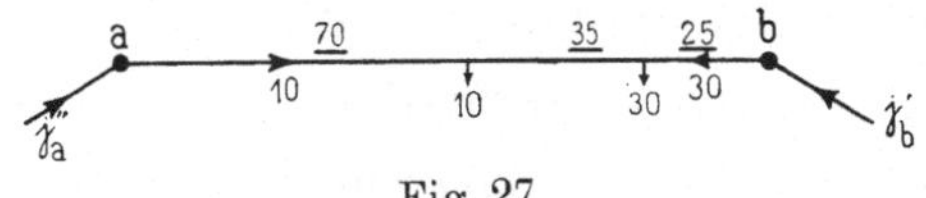

Fig 27.

$$j_b{}' = \frac{70 \cdot 10 + 105 \cdot 30}{130} = 30 \text{ L.,}$$

$$j_a{}'' = 40 - 30 = 10 \text{ L.}$$

Für $S_2\,b$

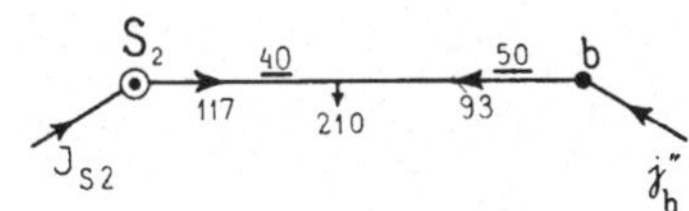

Fig. 28.

$$J_{s_2} = \frac{50 \cdot 210}{90} = 117 \text{ L.,}$$

$$j_b{}'' = 210 - 117 = 93 \text{ L.}$$

Für $b\,c$

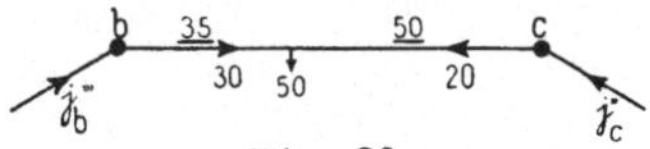

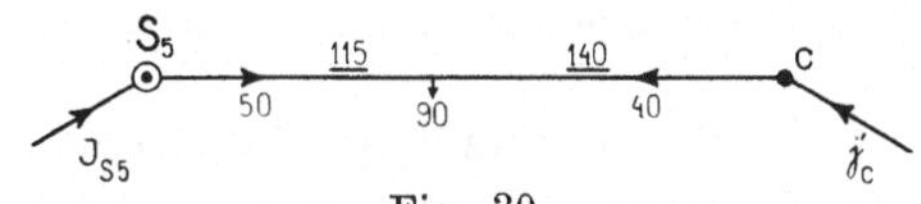

Fig. 29.

$$j_c{}'' = \frac{35 \cdot 50}{85} = 20 \text{ L.,}$$

$$j_b{}''' = 50 - 20 = 30 \text{ L.}$$

Für $S_5\,c$

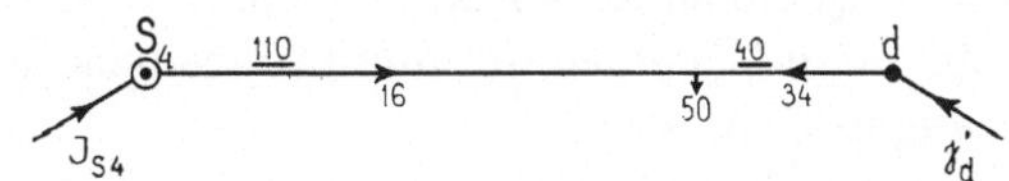

Fig. 30.

$$j_c{}' = \frac{115 \cdot 90}{255} = 40 \text{ L.,}$$

$$J_{s_5} = 90 - 40 = 50 \text{ L.}$$

Für $S_4\,d$

Fig. 31.

$$j_d{}' = \frac{110 \cdot 50}{150} = 34 \text{ L.,}$$

$$J_{s_4} = 50 - 34 = 16 \text{ L.}$$

Die Knotenpunktströme sind

$$j_a = j_a' + j_a'' = 119 + 10 = \mathbf{129}\ \mathbf{L.,}$$
$$j_b = j_b' + j_b'' + j_b''' = 30 + 93 + 30 = \mathbf{153}\ \mathbf{L.,}$$
$$j_c = j_c' + j_c'' = 40 + 20 = \mathbf{60}\ \mathbf{L.,}$$
$$j_d = j_d' + 190 = \mathbf{224}\ \mathbf{L.}$$

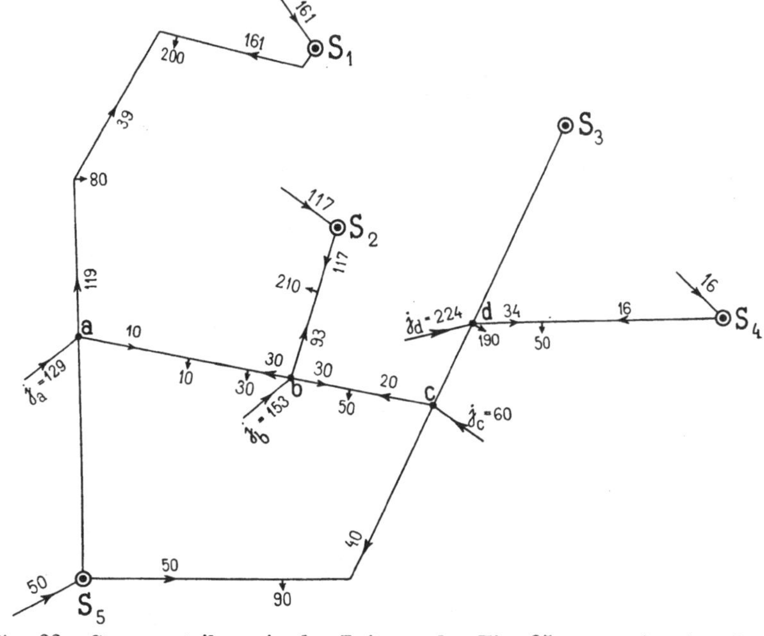

Fig. 32. Stromverteilung in der Leitung der Fig. 25, unter der Annahme,
daß auch die Knotenpunkte Speisepunkte sind.

In Fig. 32 ist die Stromverteilung eingetragen.

2. Man bestimmt die Stromverteilung für den Fall,
daß das Leitungsnetz nur in den Knotenpunkten und zwar
durch die Knotenpunktströme belastet ist.

a) Sämtliche Leitungsteile werden auf einen Einheitsquerschnitt reduziert. Und zwar wählen wir in unserm Falle
25 mm², da dieser Querschnitt vorherrschend ist. Die Leitungsteile
$S_1 a$ und $S_4 a$ mit dem Querschnitt 35 mm² reduzieren sich dann
auf folgende Längen (Fig. 41).

$$S_1\, a = 280 \cdot \frac{25}{35} = 200\ \text{m,}$$

$$S_5\, a = 140 \cdot \frac{25}{35} = 100\ \text{m.}$$

b) **Alle Leitungsteile werden fortlaufend numeriert.**

c) **Man stellt ein Schema für die Kombination der Widerstände auf.** Fängt man z. B. mit den Speisepunkten S_3 und S_4 an, so erhält man folgendes Schema[1]):

$$\genfrac{}{}{0pt}{}{l_8}{l_9}\!\!\Big\rangle\, l_d + \genfrac{}{}{0pt}{}{l_7}{l_4}\!\!\Big\rangle\, l_c + \genfrac{}{}{0pt}{}{l_6}{l_5}\!\!\Big\rangle\, l_b + \genfrac{}{}{0pt}{}{l_3}{l_1}\!\!\Big\rangle\, l_a{}^1).$$

d) **Man bestimmt die Größen der kombinierten Leitungslängen von** d **ausgehend.**

$$l_d = \frac{l_8 \cdot l_9}{l_8 + l_9} = \frac{125 \cdot 150}{125 + 150} = 68 \text{ m},$$

$$l_c = \frac{(l_d + l_7)\, l_4}{l_d + l_7 + l_4} = \frac{(68 + 50)\, 255}{373} = 81 \text{ m},$$

$$l_b = \frac{(l_c + l_6)\, l_5}{l_c + l_6 + l_5} = \frac{(81 + 85)\, 90}{256} = 58 \text{ m},$$

$$l_a = \frac{(l_b + l_3)\, l_1}{l_b + l_3 + l_1} = \frac{(58 + 130)\, 200}{388} = 97 \text{ m}.$$

e) **Verlegung der Knotenpunktströme nach folgendem Schema:**

$$j_d \!-\!\!-\! j_{dc} + j_c = J_c \!-\!\!-\! J_{cb} + j_b = J_b \!-\!\!-\! J_{ba} + j_a = J_a,$$

$$j_{dc} = j_d \cdot \frac{l_d}{l_d + l_7} = 224 \cdot \frac{68}{118} = 129 \text{ L.},$$

$$J_c = j_{dc} + j_c = 129 + 66 = 189 \text{ L.},$$

$$J_{cb} = J_c\, \frac{l_c}{l_c + l_b} = 189 \cdot \frac{81}{81 + 85} = 92 \text{ L.},$$

$$J_b = J_{cb} + j_b = 92 + 153 = 245 \text{ L.},$$

$$J_{ba} = J_b\, \frac{l_b}{l_b + l_3} = 245 \cdot \frac{58}{58 + 130} = 76 \text{ L.},$$

$$J_a = J_{ba} + j_a = 76 + 129 = 205 \text{ L.}$$

Das ganze Netz ist also auf den einfachen Leitungsstrang der Fig. 33 reduziert.

f) **Wir gehen auf dem gleichen Wege, auf dem wir das Netz reduziert haben, zum ursprünglichen Netz zu-**

---

[1]) Bezüglich der Numerierung der einzelnen Leitungen siehe Fig. 41.

rück unter Auflösung des bekannten Summenstromes
(hier $= s_a$) in seine Komponenten und erhalten dadurch die
wahren Ströme der einzelnen Leitungen.

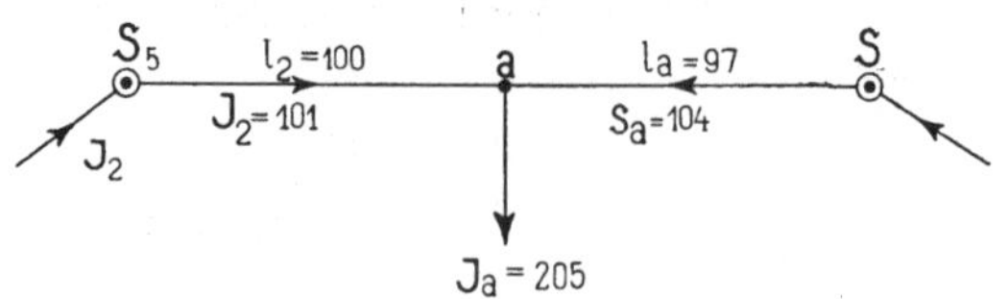

Fig. 33. Reduzierter Leitungsstrang für die Fig. 32.

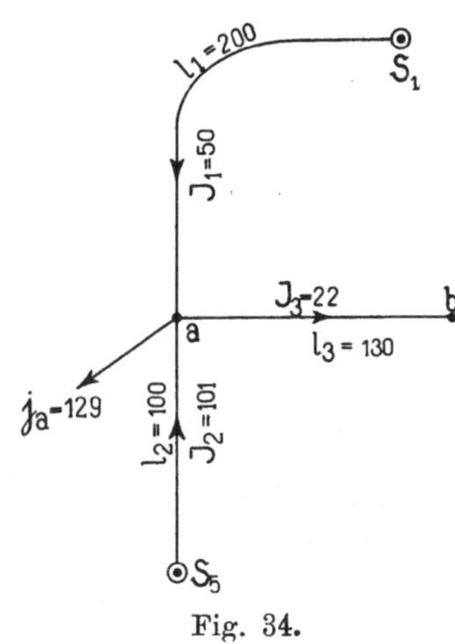

Fig. 34.

$$J_2 = \frac{97}{197} \cdot 205 = 101 \text{ L.,}$$

$$s_a = 104 \text{ L.,}$$

$$s_{ab} = s_a \cdot \frac{l_a}{l_b + l_3} = 104 \cdot \frac{97}{188} = 54 \text{ L.,}$$

$$J_1 = s_a \cdot \frac{l_a}{l_1} = 104 \frac{97}{200} = 50 \text{ L.,}$$

$$J_3 = s_{ab} - J_{ab} = 54 - 76 = -22 \text{ L.}$$

Ist die Rechnung bis hierher
richtig, so muß für den Knotenpunkt
a (Fig. 34)

$$J_1 + J_2 + J_3 = j_a$$

sein, also

$$50 + 101 - 22 = 129.$$

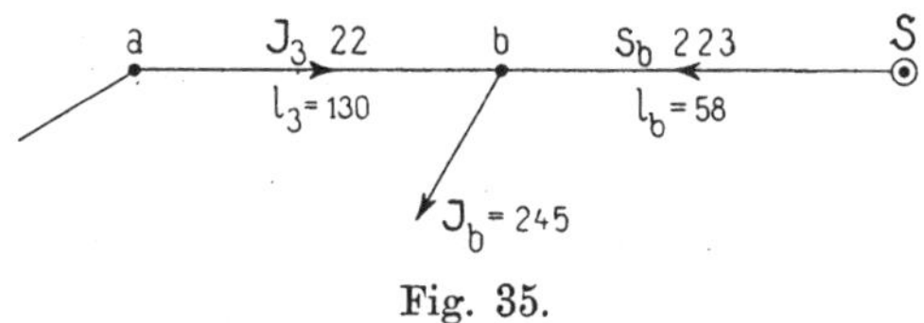

Fig. 35.

Für den Knotenpunkt b folgt (Fig. 35 u. 36)

$$s_b = J_b - J_3 = 245 - 22 = 223 \text{ L.,}$$

$$J_5 = s_b \cdot \frac{l_b}{l_5} = 223 \frac{58}{90} = 145 \text{ L.,}$$

$$s_{cb} = s_b \cdot \frac{l_b}{l_c + l_6} = 223 \cdot \frac{58}{166} = 78 \text{ L.,}$$

$$J_{cb} = 92,$$

$$J_6 = s_{cb} - J_{cb} = 78 - 92 = -14 \ \text{L}$$

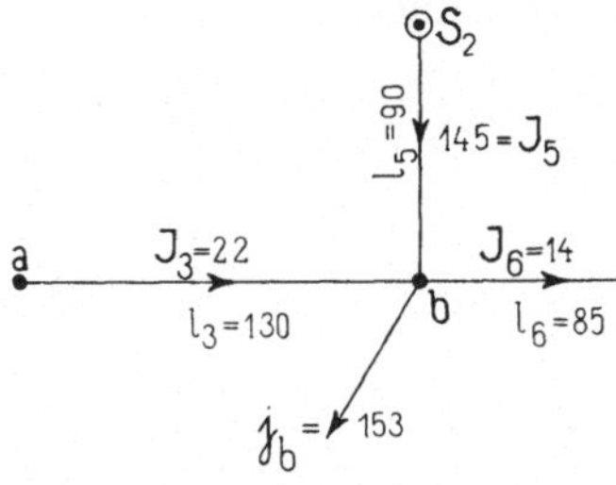

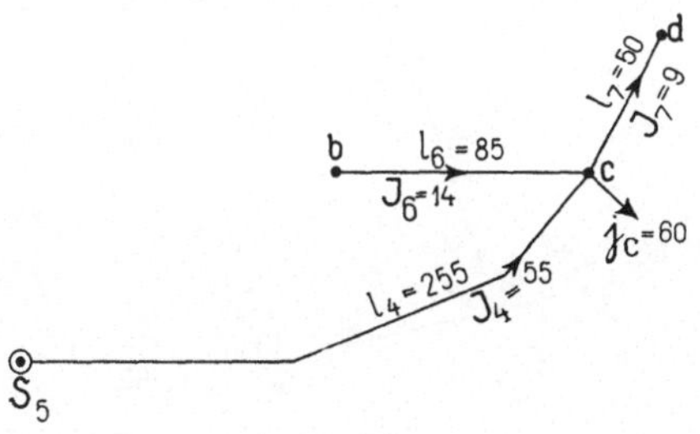

Fig. 36.

Als Kontrolle

$$J_3 + J_5 + J_6 = 153 \ \text{L.,}$$

$$22 + 145 - 14 = 153.$$

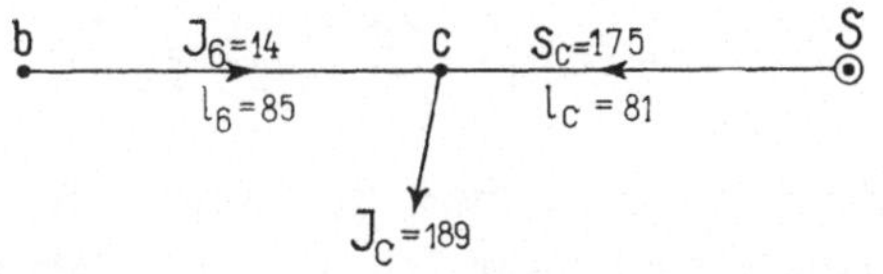

Fig. 37.

Für den Knotenpunkt c wird (Fig. 37 u. 38)

$$s_c = J_c - J_6 = 189 - 14 = 175 \ \text{L.,}$$

$$J_4 = s_c \cdot \frac{l_c}{l_4} = 175 \cdot \frac{81}{255} = 55 \ \text{L.,}$$

Fig. 38.

$$s_{dc} = s_c \cdot \frac{l_c}{l_d + l_7} = 175 \frac{81}{68 + 50} = 120 \ \text{L.,}$$

$$j_{dc} = 129 \ \text{L.,}$$

$$J_7 = s_{dc} - j_{dc} = 120 - 129 = -9 \ \text{L.}$$

Als Kontrolle

$$J_4 + J_6 - J_7 = j_c = 60 \text{ L.},$$
$$55 + 14 - 9 = 60.$$

Für den Knotenpunkt d wird (Fig. 39 u. 40):

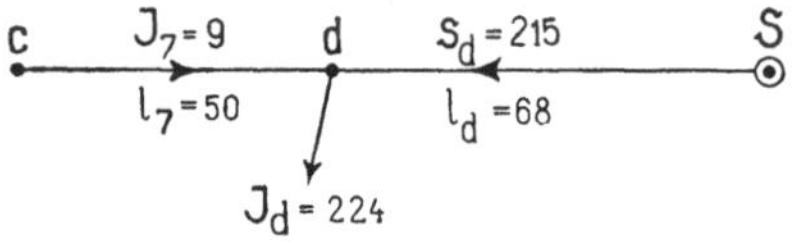

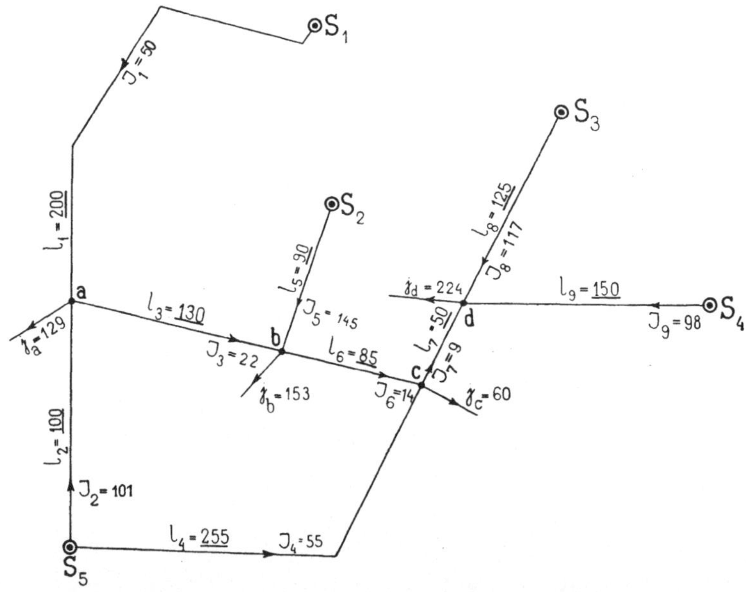

Fig. 39. 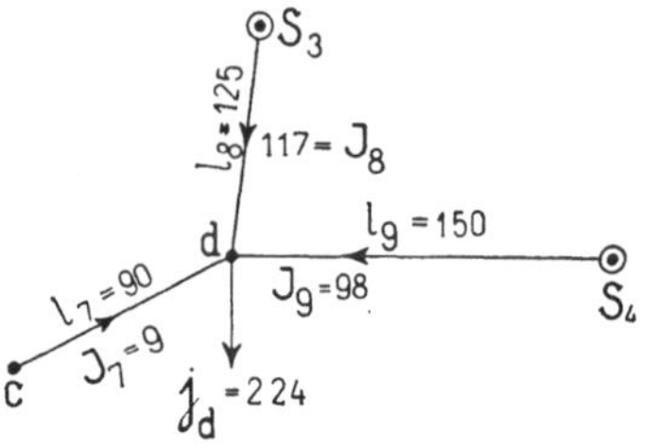   Fig. 40.

$$s_d = j_d - J_7 = 224 - 9 = 215 \text{ L.},$$

$$J_8 = s_d \cdot \frac{l_d}{l_8} = 215 \cdot \frac{68}{125} = 117 \text{ L.},$$

$$J_9 = s_d \cdot \frac{l_d}{l_9} = 215 \cdot \frac{68}{150} = 98 \text{ L.}$$

Damit ist die Stromverteilung des Netzes für den Fall, daß nur die Knotenpunkte und zwar durch die Knotenpunktströme belastet sind, bestimmt. Fig. 41 zeigt diese Stromverteilung.

Fig. 41. Stromverteilung in der Leitung der Fig. 25, unter der Annahme, daß nur die Knotenpunkte und zwar durch die Knotenpunktströme belastet sind.

3. **Superposition der beiden Stromverteilungen:** Die soeben ermittelte (Fig. 41) und die unter 1 bestimmte Stromverteilung, bei der die Knotenpunkte als Speisepunkte betrachtet wurden (Fig. 32), werden übereinander gelegt. Man erhält dann durch algebraische Addition der übereinander gelagerten Ströme die wahre Stromverteilung des Netzes. (Fig. 42.)

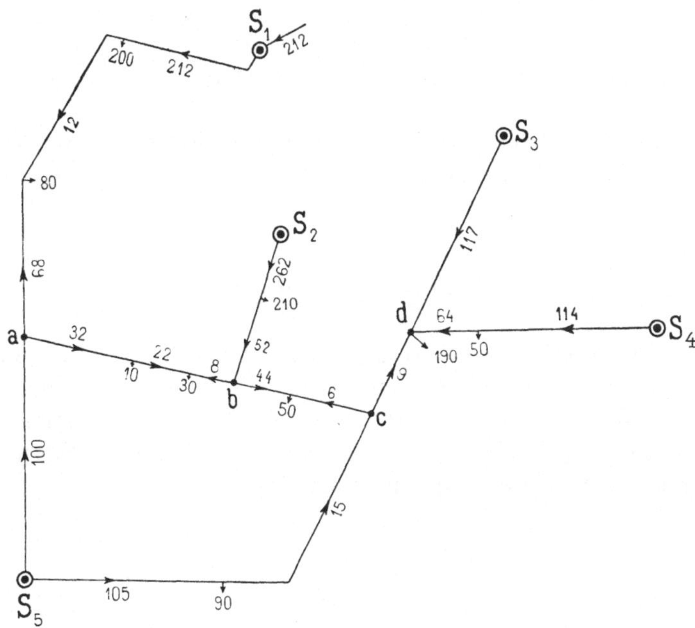

Fig. 42. Wahre Stromverteilung in der Leitung der Fig. 25, erhalten durch Superposition der Figuren 32 und 41.

Die durch die Zahl der Lampen ausgedrückten Ströme müssen in Amp. umgerechnet werden. j_l sei der Strom einer Lampe, dann ist der Spannungsabfall für irgend einen Punkt

$$\varDelta E = j_l \cdot \varSigma (J \cdot R).$$

Die hier ermittelte wahre Stromverteilung kann nun leicht auf ihre Richtigkeit geprüft werden. Man braucht nur den Spannungsabfall eines Punktes, z. B. für b, von verschiedenen Speisepunkten aus zu berechnen. Ist die Stromverteilung richtig, so muß derselbe überall gleich sein, denn der Punkt b hat nur ein Potential und wir nahmen an, daß alle Speisepunkte dieselbe Spannung haben. Sei z. B. die Nutzspannung des Netzes 220 Volt und der Wattverbrauch pro Lampe 55 Watt, dann ist

$$\Delta E_{1b} = 0{,}25 \left[(212 \cdot 90 + 12 \cdot 100 - 68 \cdot 90) \frac{2 \cdot 0{,}0175}{35} \right.$$

$$\left. + (32 \cdot 70 + 22 \cdot 35 - 8 \cdot 25) \cdot \frac{2 \cdot 0{,}0175}{25} \right]$$

$$= 0{,}25 \, [14{,}16 + 3{,}93] = \mathbf{4{,}52 \; Volt},$$

$$\Delta E_{2b} = 0{,}25 \, [262 \cdot 40 + 52 \cdot 50] \frac{2 \cdot 0{,}0175}{25} = \mathbf{4{,}55 \; Volt},$$

$$\Delta E_{3b} = 0{,}25 \, [117 \cdot 125 - 9 \cdot 50 + 6 \cdot 50 - 44 \cdot 35] \cdot \frac{2 \cdot 0{,}075}{25} = \mathbf{4{,}51 \; Volt}.$$

Die Abweichungen in den zweiten Dezimalen rühren daher, daß die Ströme bei der Rechnung auf ganze Lampen abgerundet wurden.

7. Allgemeiner Fall.

Wie das letzte Beispiel zeigt, gestattet die Reduktionsmethode die Berechnung von Leitungsnetzen in systematischer und übersichtlicher Weise. Diese Methode führt jedoch nur dann vollständig zum Ziel, wenn die Knotenpunkte mit ihren direkten Verbindungen im Netz keine geschlossene Figur bilden.

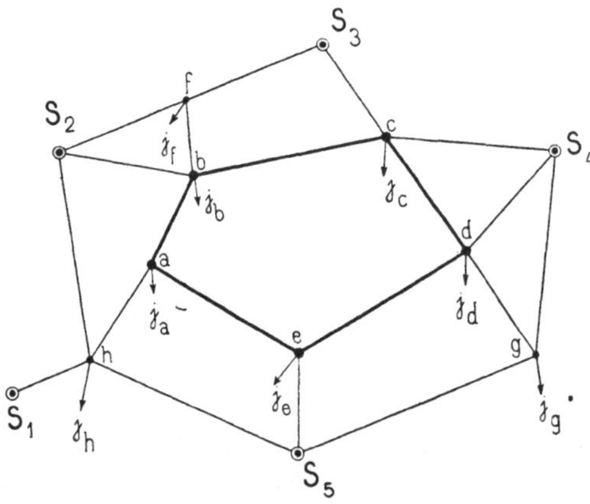

Fig. 43. Beispiel eines nicht vollständig reduzierbaren Leitungsnetzes.

Für diesen Fall nämlich, daß die Knotenpunkte mit ihren direkten Verbindungen im Netz eine geschlossene Figur bilden, wie in Fig. 43, läßt sich das Netz nicht mehr auf einen einfachen Leitungsstrang mit einer einzigen Stromabzweigung reduzieren, sondern nur auf die geschlossene **Figur 44**; denn von hier aus kann man nicht mehr ohne weiteres $n-1$ Leitungen eines Knotenpunktes in eine einzige zusammenfassen, also nicht weiter reduzieren (Seite 18). In einem solchen Falle bestimmt man dann die weitere Stromverteilung am besten mit Hilfe des ersten Kirchhoffschen Gesetzes.

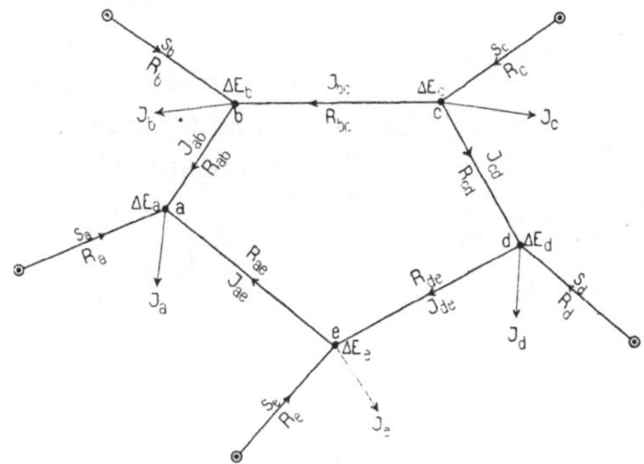

Fig. 44. Reduziertes Leitungsnetz der Fig. 43.

$\varDelta E_a \; \varDelta E_b$ . . . sei der jeweilige Spannungsabfall der Knotenpunkte a, b, . . . bei der in Fig. 44 angegebenen Belastung. Für jeden Knotenpunkt ist bekanntlich

$$\varSigma J = 0.$$

Für den Knotenpunkt a z. B.

$$s_a + J_{ab} + J_{ae} - J_a = 0$$

oder

$$\frac{\varDelta E_a}{R_a} + \frac{\varDelta E_a - \varDelta E_b}{R_{ab}} + \frac{\varDelta E_a - \varDelta E_e}{R_{ae}} - J_a = 0,$$

$$\varDelta E_a \left(\frac{1}{R_a} + \frac{1}{R_{ab}} + \frac{1}{R_{ae}} \right) - \frac{\varDelta E_b}{R_{ab}} - \frac{\varDelta E_e}{R_{ae}} - J_a = 0. \qquad (6)$$

Eine solche lineare Gleichung kann man für jeden Knotenpunkt aufstellen, man bekommt also ebenso viel Gleichungen als man Unbekannte ($\varDelta E_a$, $\varDelta E_b$ . . .) hat. Durch Auflösung der Gleichungen erhalten wir die Werte für $\varDelta E_a$, $\varDelta E_b$ . . . und die Stromverteilung ist dann leicht zu ermitteln. Sobald letztere bestimmt ist, verfährt man wieder genau so wie früher und kehrt zum ursprünglichen Netz zurück.

Für den besonderen Fall, daß die geschlossene Figur a, b . . . ein Dreieck ist, ist es nicht nötig, die Gleichungen aufzustellen, sondern man kann mit Hilfe der von A. E. Kenelly angegebenen

Transfigurationsmethode[1]) das Dreieck in einen widerstandstreuen Stern umwandeln, d. h. durch einen Stern ersetzen, der in den Punkten a, b und c denselben Spannungsverlust erzeugt wie das Dreieck.

Es sei in Fig. 45 das Dreieck $a\,b\,c$ auf einen widerstandstreuen Stern zu transfigurieren. Die Längen des Sternes, Einheitsquerschnitt angenommen, sind dann (Fig. 46)

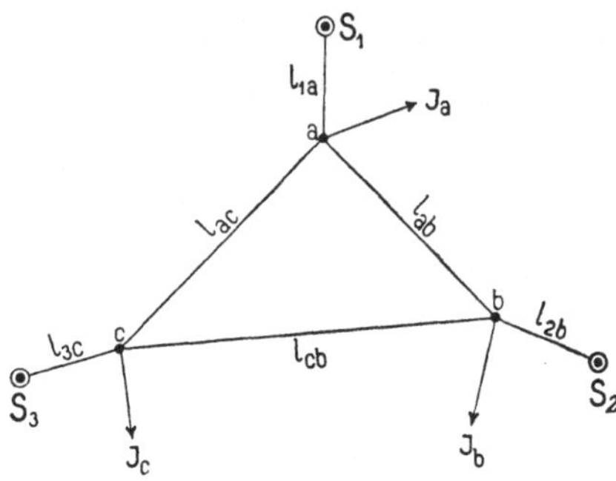

Fig. 45. Schema eines nur auf ein Dreieck reduzierbaren Leitungsnetzes.

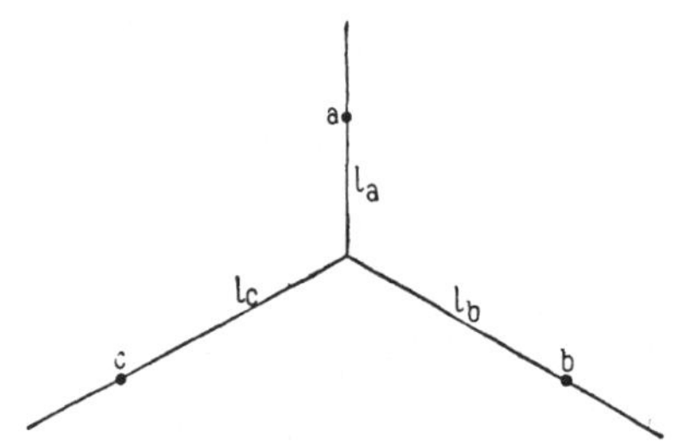

Fig. 46. Das der Fig. 45 äquivalente Leitungsnetz.

$$l_a = \frac{l_{ab} \cdot l_{ac}}{l_{ab} + l_{ac} + l_{bc}}$$

$$l_b = \frac{l_{ab} \cdot l_{bc}}{l_{ab} + l_{ac} + l_{bc}}$$

$$l_c = \frac{l_{bc} \cdot l_{ac}}{l_{ab} + l_{ac} + l_{bc}}.$$

Fig. 47 zeigt ein Beispiel. Umwandlung des Dreiecks in einen Stern (Fig. 48):

$$l_a = \frac{40 \cdot 20}{40 + 20 + 30} = 8{,}9 \ \text{m},$$

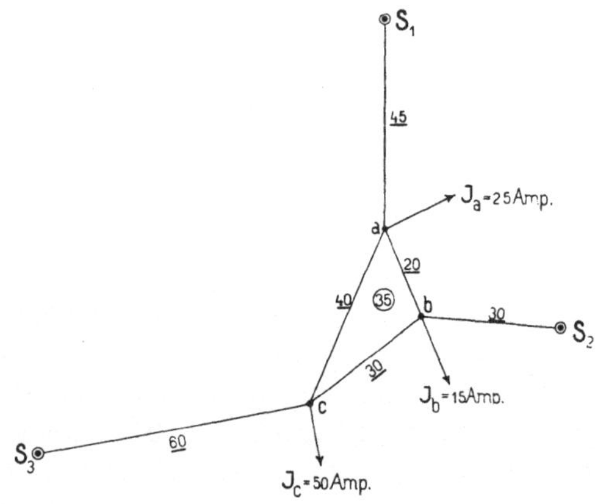

Fig. 47. Beispiel eines Leitungsnetzes der Fig. 45.

$$l_b = \frac{20 \cdot 30}{90} = 6{,}6 \text{ m}$$

$$l_c = \frac{40 \cdot 30}{90} = 13{,}3 \text{ m.}$$

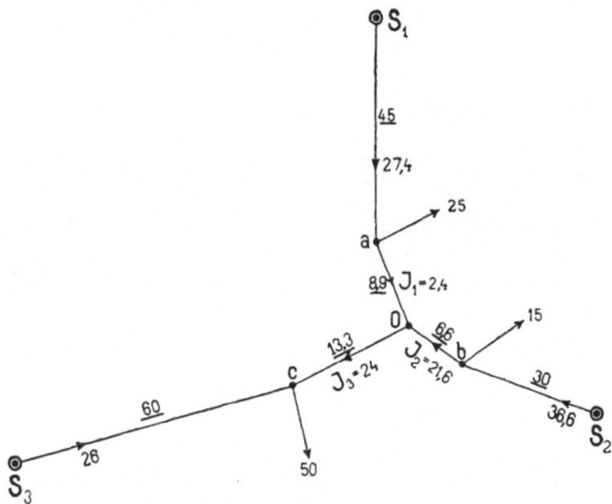

Fig. 48. Das der Fig. 47 äquivalente Leitungsnetz mit Stromverteilung.

Verlegung der Belastungsströme in a, b, c nach dem Punkte O:

$$J_{ao} = \frac{45 \cdot 25}{53{,}9} = 20{,}8 \text{ Amp.,}$$

$$J_{bo} = \frac{30 \cdot 15}{36{,}6} = 12{,}3 \text{ Amp.,}$$

$$J_{co} = \frac{60 \cdot 50}{73{,}3} = 41{,}0 \text{ Amp.}$$

Der Belastungsstrom in O ist somit

$$s_o = 20{,}8 + 12{,}3 + 41{,}0 = 74{,}1 \text{ Amp.}$$

Reduktion der 3 parallel geschalteten Leitungen $S_1\,O$, $S_2\,O$ und $S_3\,O$ auf eine Leitung vom gleichen Widerstande. Die Länge desselben

$$r = \frac{53{,}9 \cdot 36{,}6 \cdot 73{,}3}{53{,}9 \cdot 36{,}6 + 36{,}6 \cdot 73{,}3 + 73{,}3 \cdot 53{,}9} = 16{,}7.$$

Verteilung des Belastungsstromes s_o auf die drei Leitungen im umgekehrten Verhältnis ihrer Längen.

$$s_{10} = \frac{16,7}{53,9} \cdot 74,1 = 23,2 \text{ Amp.},$$

$$s_{20} = \frac{16,7}{36,6} \cdot 74,1 = 33,9 \text{ Amp.},$$

$$s_{30} = \frac{16,7}{73,3} \cdot 74,1 = 17,0 \text{ Amp.}$$

$$\overline{\qquad\qquad 74,1 \text{ Amp.}}$$

Die Leiterströme sind somit

$$J_1 = s_{01} - J_{ao} = 23,2 - 20,8 = 2,4 \text{ Amp.},$$

$$J_2 = s_{02} - J_{bo} = 33,9 - 12,3 = 21,6 \text{ Amp.},$$

$$J_3 = s_{03} - J_{co} = 17,0 - 41,0 = -24 \text{ Amp.}$$

und

$$J_{sa} = 25 + 2,4 = 27,4 \text{ Amp.},$$

$$J_{sb} = 15 + 21,6 = 36,6 \text{ Amp.},$$

$$J_{sc} = 50 - 24 = 26 \text{ Amp.}$$

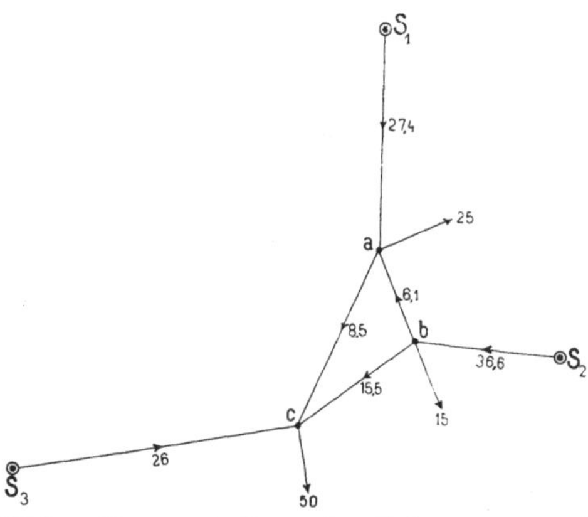

Fig. 49. Wahre Stromverteilung des Leitungsnetzes in Fig. 47.

Indem wir zum Dreieck zurückkehren, erhalten wir für die Ströme

$$J_{ac} = \frac{8,9}{40} \cdot 2,4 + \frac{13,3}{40} \cdot 24 = 8,5 \text{ Amp.},$$

$$J_{ab} = \frac{1}{20} \left[8,9 \cdot 2,4 - 6,6 \cdot 21,6 \right] = -6,1 \text{ Amp.},$$

$$J_{bc} = \frac{1}{30} \left[6,6 \cdot 21,6 + 13,3 \cdot 24 \right] = 15,5 \text{ Amp.}$$

Fig. 49 zeigt die Stromverteilung.

Zu demselben Resultat gelangt man natürlich auch, wenn man für jeden Knotenpunkt die auf Seite 29 angegebene Gleichung (6) aufstellt und daraus die Unbekannten ΔE_a, ΔE_b und ΔE_c berechnet.

$$\Delta E_a \cdot \frac{q}{2\varrho}\left[\frac{1}{l_{1a}} + \frac{1}{l_{ab}} + \frac{1}{l_{ac}}\right] - \Delta E_b \cdot \frac{q}{2\varrho} \cdot \frac{1}{l_{ab}} - \Delta E_c \cdot \frac{q}{2\varrho} \cdot \frac{1}{l_{ac}} = J_a.$$

$$\Delta E_a \cdot 1000\left[\frac{1}{45} + \frac{1}{20} + \frac{1}{40}\right] - \Delta E_b \cdot \frac{1000}{20} - \Delta E_c \cdot \frac{1000}{40} = 25 \ \text{Amp.},$$

$$\Delta E_b \cdot 1000\left[\frac{1}{30} + \frac{1}{20} + \frac{1}{30}\right] - \Delta E_a \cdot \frac{1000}{20} - \Delta E_c \cdot \frac{1000}{30} = 15 \ \text{Amp.},$$

$$\Delta E_c \cdot 1000\left[\frac{1}{60} + \frac{1}{40} + \frac{1}{30}\right] - \Delta E_a \cdot \frac{1000}{40} - \Delta E_b \cdot \frac{1000}{30} = 50 \ \text{Amp.}$$

Durch Auflösen der Gleichungen wird

$$\Delta E_a = 1{,}22 \ \text{Volt},$$

$$\Delta E_b = 1{,}1 \ \text{Volt},$$

$$\Delta E_c = 1{,}56 \ \text{Volt}.$$

Die Leitungsströme werden

$$J_{sa} = \Delta E_a \cdot \frac{q}{2\varrho} \cdot \frac{1}{L_{1a}} = 1{,}22 \cdot \frac{1000}{45} = 27{,}2 \ \text{Amp.},$$

$$J_{sb} = 1{,}1 \cdot \frac{1000}{30} = 36{,}6 \ \text{Amp.},$$

$$J_{sc} = 1{,}56 \cdot \frac{1000}{60} = 26 \ \text{Amp.},$$

$$J_{ab} = (\Delta E_a - \Delta E_b)\frac{q}{2\varrho} \cdot \frac{1}{L_{ab}} = 0{,}12 \cdot \frac{1000}{20} = 6{,}0 \ \text{Amp.}$$

$$J_{ac} = 0{,}34 \cdot \frac{1000}{40} = 8{,}5 \ \text{Amp.}$$

$$J_{bc} = 0{,}46 \cdot \frac{1}{30} = 15{,}3 \ \text{Amp.}$$

Die Abweichungen der hier erhaltenen Werte von den früheren rühren vom Rechnen mit dem Rechenschieber und vom Abrunden her.

8. Berechnung größerer Leitungsnetze.

Wir haben bisher nur einfache Verteilungsleitungen betrachtet: die offene Leitung (Seite 5) und die geschlossene Leitung (Seite 9).

Unsere Beispiele einer geschlossenen Leitung waren dabei schon Teile einer größeren Stadtanlage. Betrachten wir jetzt ein ganzes Leitungsnetz, wie es in Fig. 50 dargestellt ist.

Wie durch die punktierten Linien in der Figur angedeutet ist, läßt sich das ganze Netz in offene und geschlossene Leitungen zerlegen, die miteinander nur durch Speisepunkte verbunden sind, und die wir **Bezirke** nennen wollen. Diese Bezirke, mögen sie aus offenen oder geschlossenen Leitungen bestehen, sind vollkommen selb-

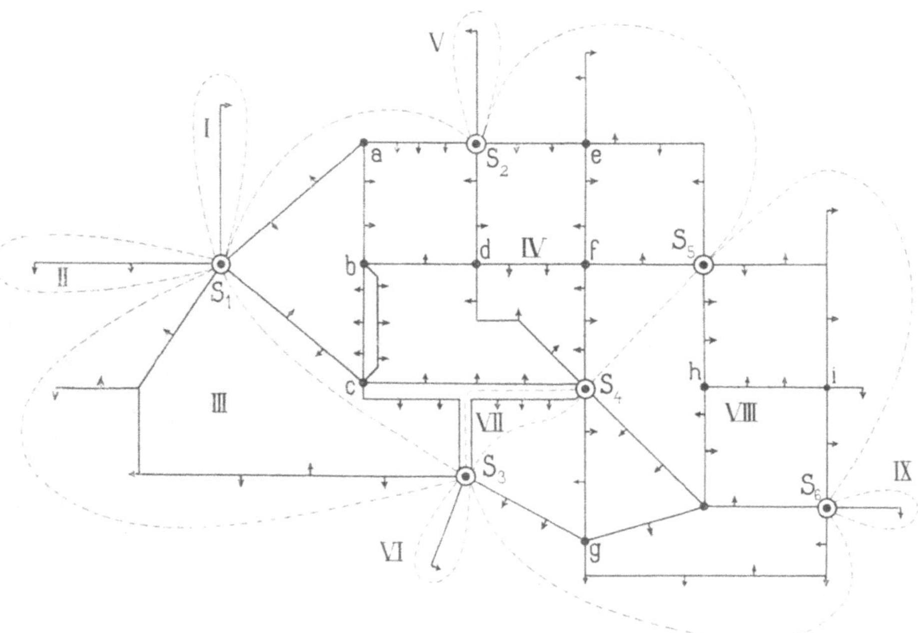

Fig. 50. Schema eines größeren Leitungsnetzes mit eingeteilten Bezirken.

ständige Netze und durch keine Leitungsteile miteinander verbunden. Man teilt deshalb ein Leitungsnetz in Bezirke ein, wenn man die Speisepunkte so untereinander verbindet, daß keine Leitungsteile geschnitten werden. Die Speisepunkte haben, unserer Annahme entsprechend, konstante Spannung; die einzelnen Bezirke sind somit auch in Bezug auf die Stromverteilung voneinander vollkommen unabhängig, und die Berechnung des ganzen Leitungsnetzes reduziert sich damit auf die Berechnung der Stromverteilung seiner einzelnen Bezirke.

Wie wir schon eingangs erwähnten, besteht bei größeren Anlagen das Verteilungsnetz aus dem **Hochspannungs-Verteilungsnetz** und dem **Niederspannungs - Verteilungsnetz.** Fig. 51 stellt eine solche größere Anlage dar, bei der die Zentrale aus irgend einem Grunde — sei es des billigeren Bodens wegen oder sei es, daß es sich um die Ausnutzung einer weit abliegenden Wasserkraft handelt — vom Verteilungsnetz entfernt liegt. Dem Hochspannungsnetz H wird die Energie durch die Speiseleitungen L_s in den Speisepunkten

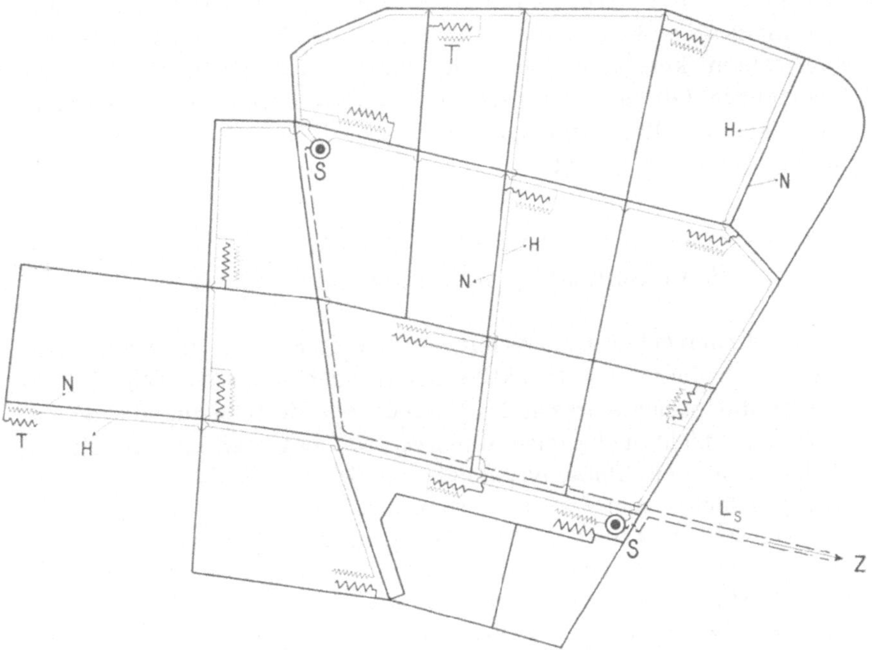

Fig. 51. Beispiel einer gesamten Leitungsanlage mit Speiseleitungen, Hochspannungs- und Niederspannungsverteilungsnetz.

S zugeführt, die Energieübertragung des Hochspannungsnetzes an das Niederspannungs-Verteilungsnetz N geschieht ihrerseits wieder durch die Transformatoren T. Für das Niederspannungsnetz sind also die Transformatoren die Speisepunkte, und daraus folgt, daß die Niederspannung an den Klemmen der Transformatoren konstant gehalten werden muß. Die Regulierung der gesamten Anlage konzentriert sich somit auf die Konstanthaltung der Niederspannung an den Transformatorklemmen. Soll diese aber unserer Annahme entsprechend praktisch konstant sein, so müssen alle Belastungsschwankungen des Niederspannungsnetzes von der

Zentrale aus durch das Hochspannungsnetz möglichst schnell ausreguliert werden. Diese Ausregulierung vermitteln die sogenannten **Prüfdrähte**, indem sie die Niederspannung der Transformatoren in der Zentrale direkt anzeigen. Wie man aus der Figur ersieht, bilden sowohl das Hochspannungs- wie auch das Niederspannungsnetz vollständige Netze für sich, die ihrerseits natürlich wiederum in einzelne Bezirke zerfallen können. Da das Hochspannungsnetz nur durch wenige Speisepunkte mit Energie versorgt wird, so können die Transformatoren nicht einzeln auf konstante Niederspannung reguliert werden, sondern nur diese Speisepunkte. Die Transformatoren sind aber, wie wir gesehen haben, die Speisepunkte des Niederspannungsnetzes und sollten konstante Spannung haben, infolgedessen darf der Spannungsabfall im Hochspannungsnetz nur sehr gering sein, und man läßt als Maximum $0{,}5 - 1\,^0/_0$ zu. Näheres über die Regulierung siehe Kapitel 11.

9. Leitungsnetze mit induktiver Belastung.

1. Stromverteilung. Wenn an ein Leitungsnetz nicht nur Glühlampen, sondern auch induktive Belastungen angeschlossen sind, so genügt die bisher angewandte Methode zur Bestimmung der Stromverteilung nicht mehr ohne weiteres, sondern man muß in diesem Falle noch den Phasenverschiebungswinkel mit berücksichtigen. Dies geschieht am einfachsten, wenn man sämtliche Belastungsströme des Netzes in ihre Komponenten[1] zerlegt: in die Wattkomponente, die mit der Spannung des Speisepunktes in Phase ist, und in die wattlose Komponente, die gegen diese um 90^0 verschoben ist. Die Zulässigkeit einer solchen Zerlegung ergibt sich aus dem Satz von der Superposition, der uns gestattet, die Stromverteilungen beider Komponenten getrennt zu ermitteln und die so erhaltenen Bilder zu superponieren, um die wahre Stromverteilung zu bekommen.

Die Speisepunktspannung hat bei induktiver Belastung im allgemeinen nicht die gleiche Phase wie die Spannung an den stromverbrauchenden Apparaten. Und aus diesem Grunde ist es, genau genommen, nicht richtig, die Belastungsströme in Komponenten zu zerlegen, von denen die eine mit der Speisepunktspannung in Phase ist. Wir müßten vielmehr erst den Spannungsabfall bis zu den Klemmen der Nutzwiderstände kennen, den wir ja erst

---

[1] Siehe **Herzog** und **Feldmann** E. T. Z. 1899, Seite 780 u. ff.

bestimmen wollen, oder die Spannung an den Nutzwiderständen kennen. Praktisch ist dies jedoch zulässig, denn die Phasenungleichheit zwischen der Speisepunktspannung und der Klemmenspannung der Verbrauchsapparate ist in Wirklichkeit so gering, daß sie bei der Berechnung garnicht in Betracht kommt. **Infolgedessen beziehen wir die Phasenverschiebung der Belastungsströme stets auf die Spannung der Speisepunkte und zerlegen dieselben dementsprechend in Richtung dieser Spannung und senkrecht dazu.**

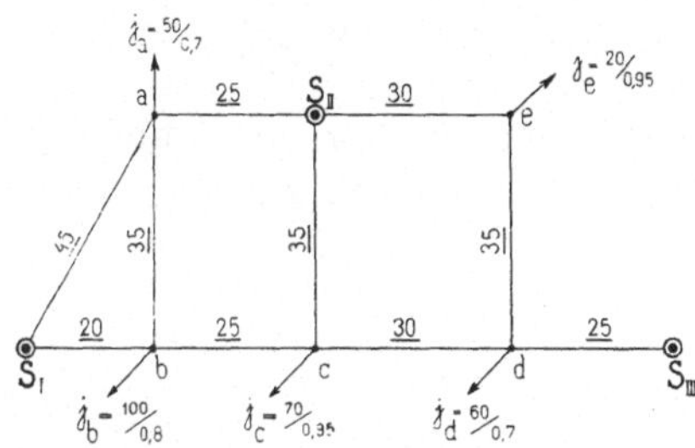

Fig. 52. Leitungsnetz mit induktiver Belastung.

Beispiel. Fig. 52 zeigt einen Bezirk eines Leitungsnetzes mit induktiver Belastung. Da es sich hier nur um den Unterschied dieser Berechnung von der früheren handelt, so ist der Einfachheit wegen angenommen, daß die Knotenpunkte direkt belastet sind. Die Ströme sind mit ihren zugehörigen Leistungsfaktoren (cos φ) eingetragen. Das Netz ist auf einen Einheitsquerschnitt reduziert gedacht. Die Bezeichnungen sind dieselben wie früher.

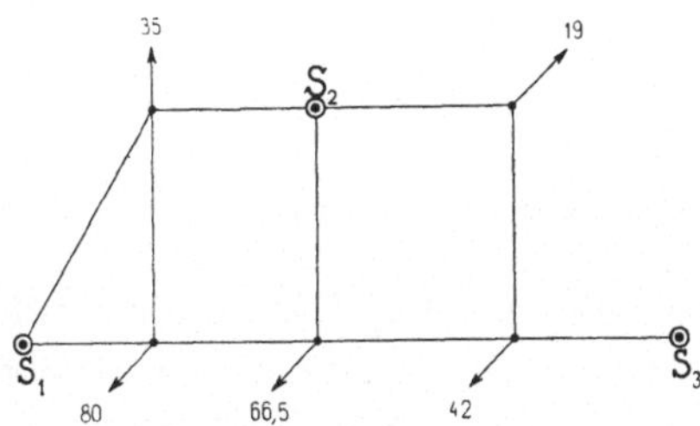

Fig. 53. Netz der Fig. 52, nur mit Wattströmen belastet.

Zerlegen wir jetzt die Belastungsströme in ihre Komponenten, indem wir sie mit dem zugehörigen cos φ resp. sin φ multiplizieren, und belasten wir das Netz zuerst nur mit den Wattströmen, so erhalten wir Fig. 53.

Die Bestimmung der Stromverteilung geschieht in der früher
angegebenen Weise und ist in Fig. 54 eingetragen.

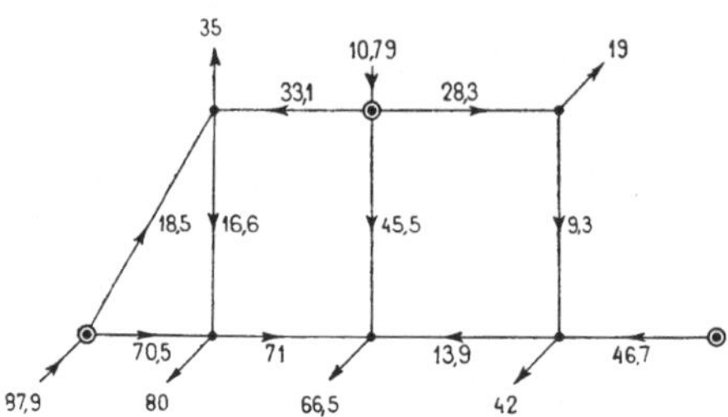

Fig. 54. Stromverteilung für die Belastung des Netzes in Fig. 53.

Ebenso erfolgt die Berechnung der wattlosen Ströme und der
durch sie verursachten Stromverteilung (Fig. 55 und 56).

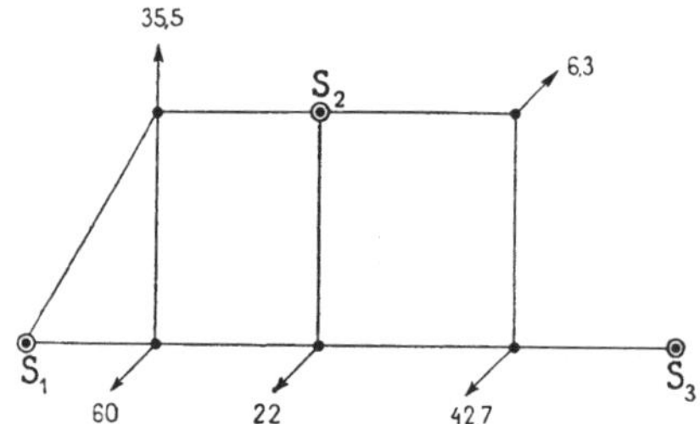

Fig. 55. Netz der Fig. 52, nur mit wattlosen Strömen belastet.

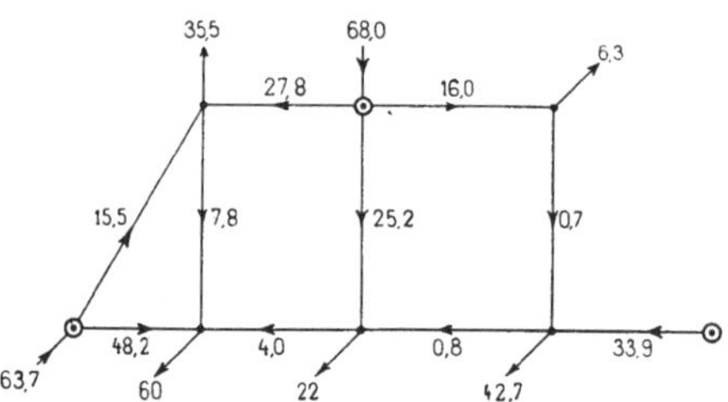

Fig. 56. Stromverteilung für die Belastung des Netzes in Fig. 55.

Durch Superposition der Fig. 54 und 56 erhält man schließlich
die Fig. 57, aus der man die wahre Stromverteilung mit den entsprechenden Leistungsfaktoren berechnen kann (Fig. 58).

2. Spannungsabfall. Entsprechend dem Gesetz von der Superposition ist der Spannungsabfall in einem Netz mit induktiver Belastung nicht mehr gleich der algebraischen
Summe der Spannungsabfälle der einzelnen Leitungsteile
zwischen diesem Punkte und irgend einem Speisepunkte, sondern
gleich der geometrischen Summe derselben.

In Fig. 59 sei die Speisepunktspannung gleich dem Vektor OA; $J_1\ J_2\ J_3$ und J_4 seien die vier Leitungsströme, die zwischen dem

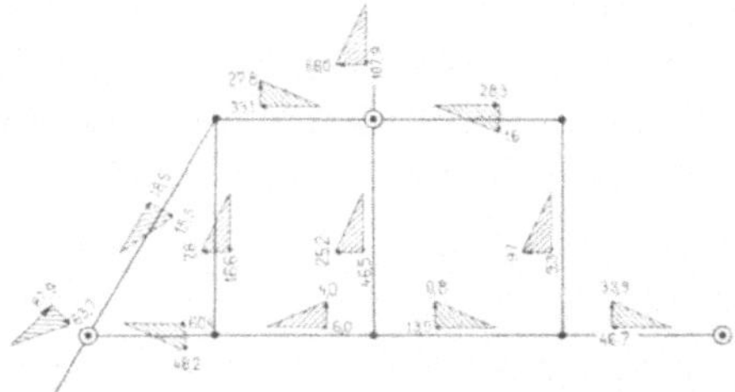

Fig. 57. Superposition der Stromverteilungen von Fig. 54 und 56.

Speisepunkte und dem Punkte, für den man den Spannungsabfall bestimmen will, fließen. Die entsprechenden Spannungsabfälle $\varDelta E_1$, $\varDelta E_2$, $\varDelta E_3$ und $\varDelta E_4$ setzen sich zu dem gebrochenen Linienzuge AB zusammen, der uns den Verlauf der Spannung vom Speisepunkte

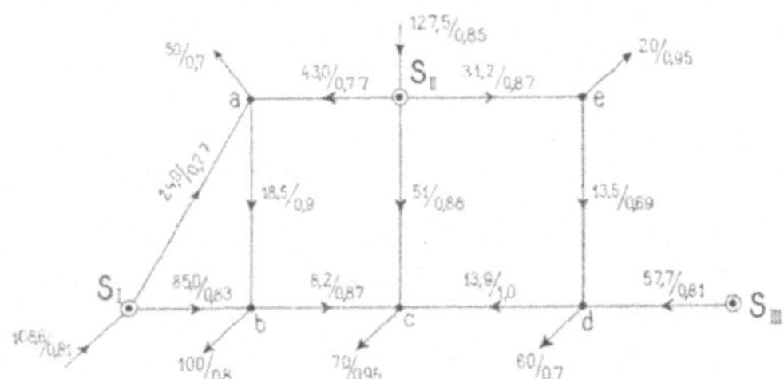

Fig. 58. Wahre Stromverteilung des Netzes in Fig. 52 mit eingetragenen Leistungsfaktoren.

bis zum betrachteten Punkte veranschaulicht. Die Resultierende dieser Spannungsabfälle kann man in zwei Komponenten zerlegen, in die Komponente AC, als Summe der Spannungsabfälle, die durch die Wattströme J_w, und in die Komponente BC als Summe der Spannungsabfälle, die durch die wattlosen Ströme J_{wl} verursacht werden. Also

$$A\,C = \varSigma J_w R,$$

$$B\,C = \varSigma J_{wl} R.$$

Der resultierende Spannungsabfall kann aber in einem Punkte des Leitungsnetzes, gleichviel von welchem Speisepunkte man ausgeht, nur einen Wert haben, muß also konstant bleiben, folglich sind auch die Komponenten $\varSigma J_w R$ und $\varSigma J_{wl}\,R$ in Bezug auf die Speisepunktspannung konstant, was schon aus dem Satz von der Superposition ohne weiteres folgt.

Da der Spannungsabfall $OA - OB$ im allgemeinen nicht mehr als $2\,^0/_0$ der Speisepunktspannung OA ausmacht, so kann man mit großer Annäherung $AB = AC$ setzen. Der Spannungsabfall in einem Netz mit induktiver Belastung ist somit gleich $\Sigma J_w R$, wo die Summation sich über die Leitungen von einem beliebigen Speisepunkte aus bis zum betrachteten Punkte zu erstrecken hat. Der so ermittelte Spannungsabfall

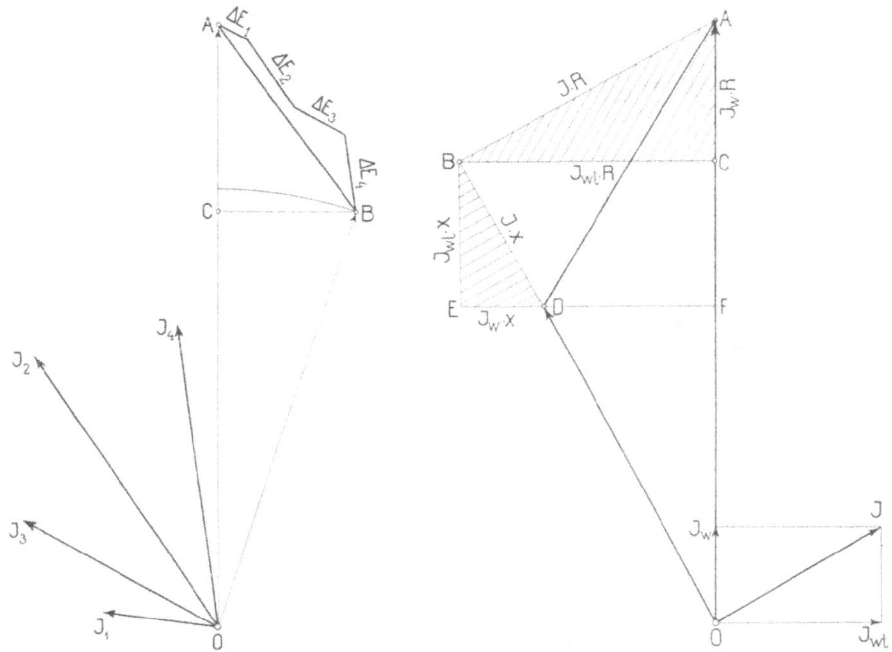

Fig. 59. Graphische Bestimmung des Spannungsabfalls ohne Berücksichtigung der Selbstinduktion in der Leitung.

Fig. 60. Graphische Bestimmung des Spannungsabfalls mit Berücksichtigung der Selbstinduktion in der Leitung.

kann aber, besonders bei Netzen mit vorwiegend induktiver Belastung und bei langen Leitungen, vom tatsächlich auftretenden noch sehr verschieden sein, denn bei induktiver Belastung kann bekanntlich die Reaktanz der Leitung, die wir bisher vernachlässigt haben, den Spannungsabfall beträchtlich vergrößern. Wir müssen deshalb ihren Einfluß bei der Rechnung mit berücksichtigen. In Fig. 60 sei

OA die Speisepunktspannung,

OD die Spannung an einem Nutzwiderstande,

J der Belastungsstrom,

J_w dessen Wattkomponente,

J_{wl} dessen wattlose Komponente.

Die durch den Ohmschen Widerstand der Leitung verursachten Spannungsabfälle fallen in Richtung der Stromkomponenten J_w und J_{wl}, die von der Reaktanz herrührenden in Richtung senkrecht dazu. Es ist also

$$J_w\, R = A\, C,$$

$$J_{wl}\, R = C\, B$$

und die Resultante von

$$J_w\, R \ \text{und}\ J_{wl}\, R = A\, B = J \cdot R,$$

$$J_w \cdot x = E\, D,$$

$$J_{wl} \cdot x = B\, E,$$

wo x die Reaktanz der Leitung bedeutet.

Die Resultante von $J_w \cdot x$ und $J_{wl} \cdot x = B\, D = J_x$. Somit ist der Spannungsabfall

$$A\, F = J_w\, R + J_{wl} \cdot x$$

oder allgemein

$$\boldsymbol{\Delta E = \Sigma J_w\, R + \Sigma J_{wl} \cdot x.} \quad . \quad . \quad . \quad . \quad (7)$$

Zweites Kapitel.

Das Dreileitersystem.

10. Allgemeines.

Der Nachteil, daß man durch die Glühlampen an geringe Spannungen und somit auch an kleine Entfernungen gebunden war, sowie das Bestreben, mit einem Leitungsnetz einen möglichst großen Bezirk bestreichen zu können, führte naturgemäß zur Anwendung einer Kombination der Serie- und Parallelschaltung und damit zur Erfindung des Mehrleitersystems.

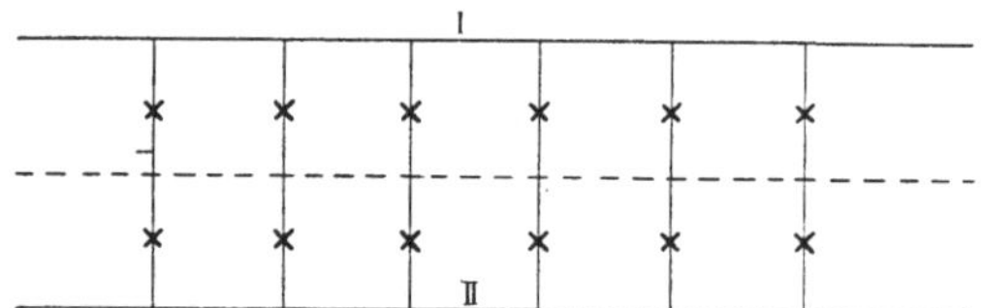

Fig. 61.   Schema der Serie- und Parallelschaltung.

Es leuchtet ohne weiteres ein, daß man bei der in Fig. 61 angedeuteten Schaltung die doppelte Spannung der reinen Parallelschaltung verwenden kann. Eine solche Schaltungsart nennt man Dreileitersystem, weil man, selbst wenn die Glühlampen in der angegebenen Weise zü zwei und zwei hintereinander geschaltet sind, schon ihres verschiedenen Widerstandes wegen, noch einen dritten Leiter, den sogen. Ausgleich- oder Nullleiter, nötig hat.

Schaltet man statt je zwei noch mehr Lampen hintereinander, so ergibt sich daraus das allgemeine Mehrleitersystem. In der Praxis hat sich aber mit wenigen Ausnahmen nur das Dreileitersystem eingebürgert. Dasselbe kann man sich auch dadurch entstanden denken, daß man zwei Leitungen hintereinander schaltet und die beiden benachbarten Hauptleitungen *II* und *I'* zusammenfallen läßt (Fig. 62). Die beiden Generatorwicklungen werden dadurch in Serie geschaltet und die Spannung zwischen den beiden Außen-

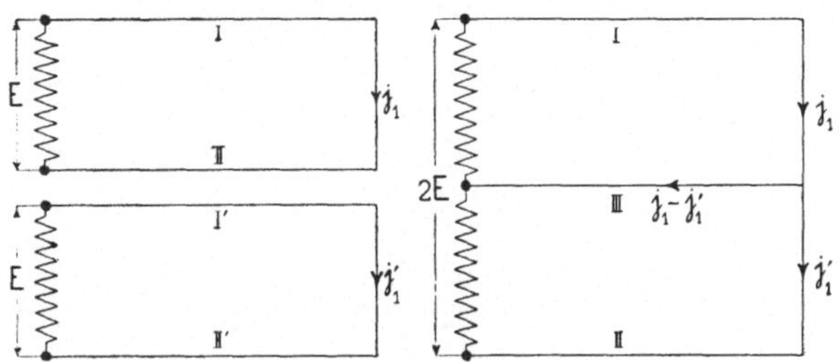

Fig. 62. Entstehung des Dreileitersystems.

leitern *I* und *II* somit verdoppelt. Der große Nachteil des Drei- leitersystems, zwei Maschinen verwenden zu müssen, führte be- kanntlich seinerseits wieder zur Erfindung der Dreileitermaschine.

Der Ausgleichstrom des Mittel- oder auch Nullleiters III

$$J_s = j_1 - j_1';$$

derselbe wächst also mit der Ungleichheit der Belastungen der beiden Netzhälften. Es kommt aber natürlich darauf an, diesen Ausgleichstrom möglichst gering zu halten, denn derselbe erzeugt einen Spannungsabfall, der sich zu den Spannungsabfällen der Außenleiter algebraisch addiert und somit den Spannungsabfall an den Belastungswiderständen beträchtlich erhöhen kann.

11. Dreileitersystem bei gleichgroßer Belastung der beiden Netzhälften.

Nach Seite 7 war der Spannungsabfall an den Klemmen eines Nutzwiderstandes beim Einphasensystem gleich

$$\varDelta E = \varSigma J \cdot R = \frac{2\,\varrho}{q}\,\varSigma J \cdot l.$$

Nimmt man an, daß im Mittelleiter kein Strom fließt, der Spannungsabfall in demselben somit gleich Null ist, so ist, da man pro Widerstand nur eine Leitung hat, der Spannungsabfall pro Belastungswiderstand

$$\Delta E = J \cdot l \cdot \frac{\varrho}{q}.$$

Praktisch wird dieser günstigste Fall aber nicht vorkommen. Untersuchen wir daher, bei welcher Verteilung der Belastung man sich ihm am meisten nähert.

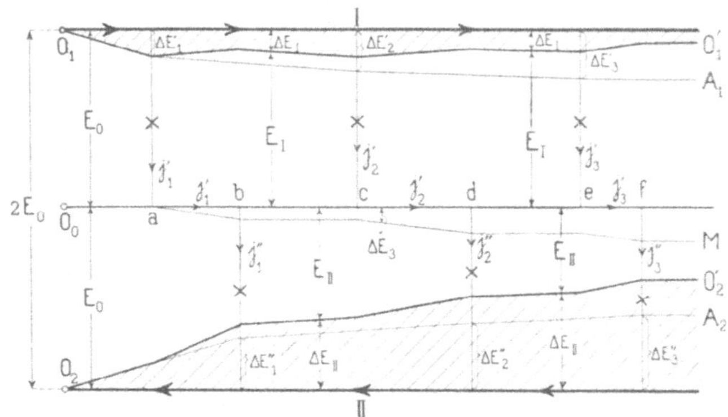

Fig. 63. Verlauf des Spannungsabfalls im Dreileitersystem bei der eingezeichneten Belastung der beiden Netzhälften.

Betrachten wir zunächst den in Fig. 63 skizzierten Fall, bei dem die Nutzwiderstände in abwechselnden, d. h. nicht paarweisen Entfernungen auf die beiden Netzhälften verteilt sind, und nehmen wir der Einfachheit wegen an, daß

$$j_1{}' = j_1{}'' \qquad j_2{}' = j_2{}'' \ldots$$

so wird der Spannungsabfall in den Außenleitern I und II durch die Linienzüge $O_1 A_1$ bezw. $O_2 A_2$ dargestellt. Dabei haben die Ordinaten $\Delta E_1{}'$ und $\Delta E_1{}''$ u. s. w. verschiedenes Vorzeichen, da die Stromrichtung in den Außenleitern entgegengesetzt ist. Die Stromverteilung im Mittelleiter ist dann folgende:

Von a nach b fließt der Strom j_1, von b nach c kein Strom,
  „ c „ d „   „   „ j_2, „ d „ e „   „
  „ e „ f „   „   „ j_3.

Alle Spannungsabfälle im Mittelleiter haben also dasselbe Vorzeichen, und zwar verläuft der Spannungsabfall wie der Linienzug $O_0 a M$. Das Vorzeichen der Ordinaten ΔE_3 ist dasselbe wie bei I, da die Stromrichtung in I und dem Mittelleiter dieselbe ist. Das heißt aber: Der Spannungsabfall im Außenleiter bei I wird durch den Spannungsabfall des Mittelleiters teilweise aufgehoben, der resultierende Spannungsabfall ΔE_I $(O_1 O_1{}')$ für die Netzhälfte I wird also kleiner als der Spannungsabfall im Außenleiter, oder die Klemmenspannung der Nutzwiderstände wird größer als für den Fall, daß im Mittelleiter kein Strom fließt.

In der unteren Netzhälfte ist die Sache gerade umgekehrt: Hier wird der resultierende Spannungsabfall $\varDelta E_{II}$ $(O_2 O_2')$ erheblich größer, der zulässige maximale Spannungsabfall, der erst am Ende der Leitung II auftreten sollte, durch den Einfluß des Spannungsabfalls im Mittelleiter schon weit früher erreicht und am Ende der unteren Netzhälfte überschritten sein. Eine solche Verteilung der Belastung auf die Netzhälften ist also ungünstig, und man könnte bei einem gegebenen maximalen Spannungsabfall — und für die Berechnung von Leitungsnetzen

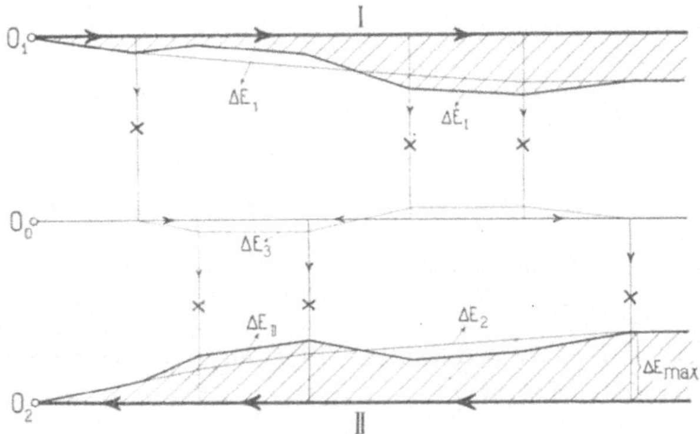

Fig. 64. Verlauf des Spannungsabfalls im Dreileitersystem bei der eingezeichneten Belastung der beiden Netzhälften.

ist natürlich stets nur der maximale Spannungsabfall maßgebend — in diesem Falle die Länge der Verteilungsleitung entsprechend der doppelten Speisepunktspannung des Dreileiter- im Vergleich zum Zweileitersystem nicht verdoppeln. Der Hauptvorzug des Dreileitersystems würde dadurch also wesentlich vermindert. Will man sich dieses Vorteils nicht begeben, so muß die Verteilung der Nutzwiderstände auf beide Netzhälften derart geschehen, daß der resultierende Spannungsabfall in keinem Teile der Netzhälften größer ist als der am Ende eines Außenleiters allein auftretende maximale Spannungsabfall. Am Ende des Mittelleiters muß also der Spannungsabfall gleich Null oder ein Minimum sein, d. h. $\varSigma J_0 \cdot R_m = 0$. Ein Beispiel einer solchen Verteilung zeigt Fig. 64.

12. Dreileitersystem bei ungleichgroßer Belastung der beiden Netzhälften.

Der unter 11. behandelte Fall wird in der Praxis selten vorkommen. An ihm lassen sich aber, wie wir gesehen haben, die Bedingungen für den günstigsten Fall der ungleichgroßen Belastung beider Netzhälften am einfachsten untersuchen. Und was daselbst als günstigste Verteilung der Nutzwiderstände angestrebt werden mußte, wird im Prinzip auch hier gelten.

Ungleichgroß wird die Belastung der beiden Netzhälften dadurch, daß die Lampen in ihnen nicht gleichzeitig und gleichmäßig ein- oder ausgeschaltet sind, und den hierdurch hervorgerufenen Aus-

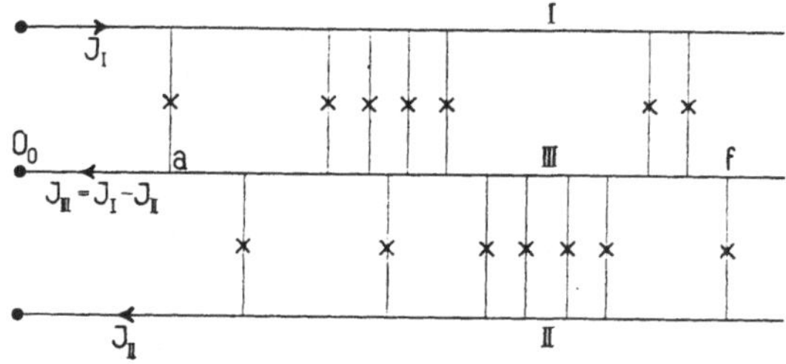

Fig. 65. Dreileitersystem mit ungleichgroßer und ungleichmäßiger Belastung der beiden Netzhälften.

gleichstrom muß der Mittelleiter übernehmen. Derselbe wird auf der Strecke $a\,O_0$ (Fig. 65)

$$J_{III} = J_I - J_{II} \quad . \quad . \quad . \quad . \quad . \quad . \quad (8)$$

und wird sich auf die Strecke $f\,a$ entsprechend verteilen. Dieser Ausgleichstrom verursacht natürlich auch einen Spannungsabfall im Mittelleiter, und es wird ohne weiteres einleuchten, daß die günstigste Verteilung der Nutzwiderstände in den beiden Netzhälften dann erreicht ist, wenn der durch den Ausgleichstrom hervorgerufene Spannungsabfall im Mittelleiter gegen das Ende hin gleich Null oder ein Minimum wird. Von diesem Gesichtspunkte aus wird man demgemäß die Anschlüsse an die beiden Hälften des Leitungsnetzes zu verteilen haben und nur Nutzwiderstände von gleichem Charakter bezüglich ihrer Verwendung gegenüberschalten dürfen, also z. B. nicht eine Glühlampe, die den ganzen Tag über brennt, mit einer anderen, die nur zwei Stunden brennt. Zum Schluß erhellt aus diesen Betrachtungen, daß das Dreileitersystem nur dann mit Vorteil verwendet werden kann und dem Zweileitersystem überlegen ist, wenn die hier angedeuteten Bedingungen bis zu einem gewissen Grade erfüllt sind.

Drittes Kapitel.

Mehrphasensysteme.

13. Allgemeines.

Die bisher angestellten Untersuchungen beschränkten sich auf das Einphasen- resp. Gleichstromsystem. Zieht man die Mehrphasensysteme in den Kreis der Betrachtung, so werden die Verhältnisse dementsprechend komplizierter, wenngleich, wie wir später sehen werden, die Berechnung des Leitungsnetzes sich nicht wesentlich ändern wird.

Unter einem **Mehrphasensystem** versteht man bekanntlich ein Wechselstromsystem, in dem EMKe von gleicher Periodenzahl aber verschiedener Phase wirken. Und je nach der Anzahl der Phasen spricht man von einem **ein-, zwei-** oder n**-phasigen System,** und man nennt das System **symmetrisch,** wenn bei n-Phasen die EMKe um $\dfrac{1}{n}$-Periode voneinander verschoben sind, **unsymmetrisch,** wenn dies nicht der Fall ist. Sind die Phasen eines Systems elektrisch miteinander verbunden, so ist das System **abhängig,** im anderen Falle **unabhängig.**

Die Ermittelung der Stromverteilung geschieht in derselben Weise wie bei Einphasennetzen, nur mit dem Unterschied, daß man erst die Belastungen pro Phase ermittelt und dann die Stromverteilung in jeder Phase bestimmt.

Für das Folgende machen wir die Annahme, daß zwischen Spannung und Strom keine Phasenverschiebung existiert. Besteht aber eine solche, so wird die Berechnung genau so durchgeführt, wie auf Seite 36, indem man alle Ströme in ihre Watt- und wattlosen Komponenten zerlegt und die Stromverteilungen superponiert. In Wirklichkeit wird eine in Rechnuug zu ziehende Phasenverschiebung zwischen Strom und Spannung bei Leitungsnetzen kaum vorkommen, da man es vorzieht, größere Motoren, die die Phasenverschiebung verursachen, schon ihres großen Anlaufstromes wegen durch besondere Leitungen von einem Transformator aus direkt zu speisen.

14. Das unverkettete Zweiphasensystem.

Fig. 66 zeigt das Schema eines unverketteten Zweiphasensystems. Dasselbe besteht aus zwei unabhängigen Einphasennetzen, deren EMKe um 90° gegeneinander verschoben sind. Zur Speisung der Glühlampen kann das eine oder andere Einphasennetz verwendet werden, während man die Motoren an beide Phasen anschließt. Der Vorteil des Systems dem Einphasensystem gegenüber liegt darin, daß man durch Kombination der beiden Phasen für die Motoren ein Drehfeld erhält. Der Spannungsabfall an den Klemmen der Nutzwiderstände ist bei dieser Schaltung derselbe wie beim Einphasennetz.

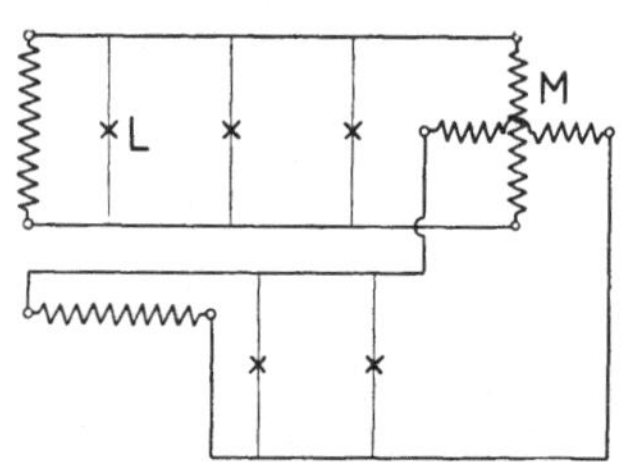

Fig. 66. Unverkettetes Zweiphasensystem.
$L =$ Lampen, $M =$ Motoren.

15. Das verkettete Zweiphasensystem.

Das verkettete Zweiphasensystem (Fig. 67) entsteht aus dem vorigen durch Hintereinanderschaltung der beiden Phasen. Man erhält also ein Dreileitersystem, das sich aber von dem unter 10. behandelten wesentlich unterscheidet. Die EMKe der beiden Phasen, die um 90° verschoben sind, addieren sich hier natürlich geometrisch. Bezeichnet man die verkettete Spannung der Außenleiter I und II mit E_v und die Phasenspannung mit E_p, so ist

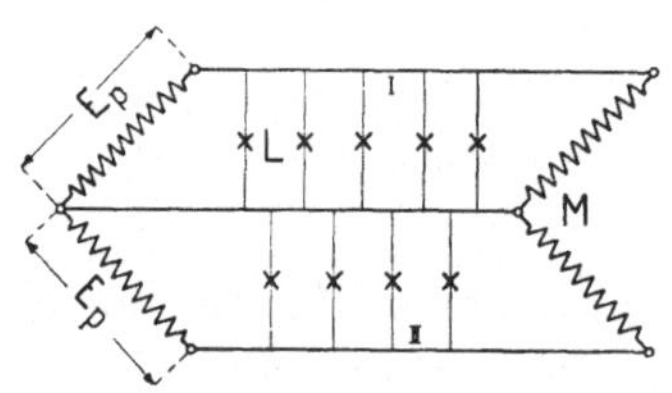

Fig. 67. Verkettetes Zweiphasensystem.

$$E_v = \sqrt{2} \cdot E_p.$$

Aus demselben Grunde wird auch der Strom im Mittelleiter nicht gleich Null, wie beim Dreileitersystem, wo die Ströme der beiden Außenleiter gleiche Phase haben und sich infolgedessen, da sie entgegengesetzt sind, im Mittelleiter aufheben, sondern hier ist

$$J_o = \sqrt{2} \cdot J_p.$$

Nehmen wir induktionsfreie Belastung und Phasengleichheit zwischen Strom und Spannung an, so setzt sich der resultierende Spannungsabfall ΔE_I und ΔE_{II} an den Klemmen der Belastungs-

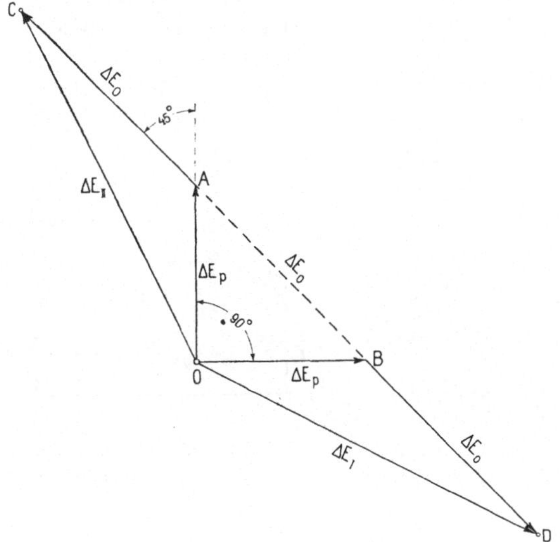

Fig. 68. Diagramm des Spannungsabfalls im verketteten Zweiphasensystem.

widerstände zusammen aus dem Potentialabfall im Außenleiter ΔE_p und dem des Mittelleiters ΔE_o (Fig. 68)

$$\Delta E_I = OD; \quad \Delta E_{II} = OC.$$

Das verkettete Zweiphasensystem hat also den großen Nachteil, daß der Mittelleiterstrom, da das System unsymmetrisch ist, größer wird als der Strom im Außenleiter, und aus diesem Grunde hat es wenig Verwendung gefunden.

16. Dreiphasensysteme.[1])

Das Dreiphasensystem ist eine Kombination von drei Einphasen-systemen, deren Phasen um 120^0 voneinander verschoben sind. (Fig. 69.)

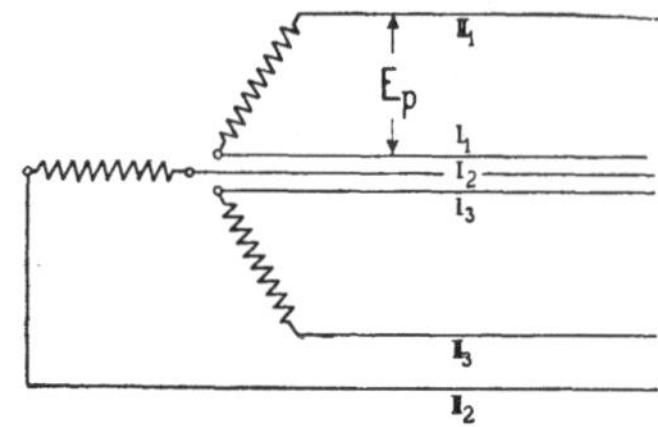

Fig. 69.   Unverkettetes Dreiphasensystem.

Durch Hintereinanderschaltung der drei Phasen erhält man die Dreieckschaltung $= \triangle$ (Fig. 70), durch Parallelschaltung der-selben die Sternschaltung $= \lambda$ (Fig. 71).

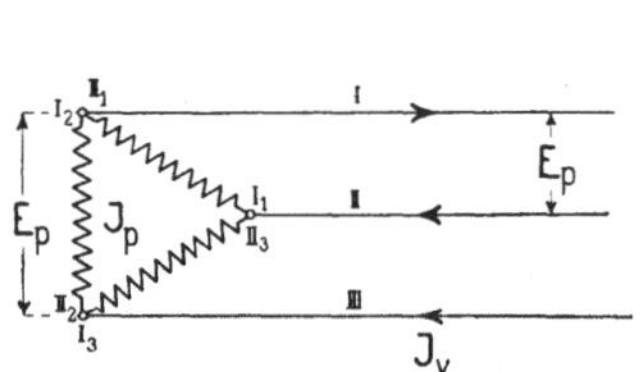

Fig. 70.   Verkettetes Dreiphasensystem (Dreieckschaltung).

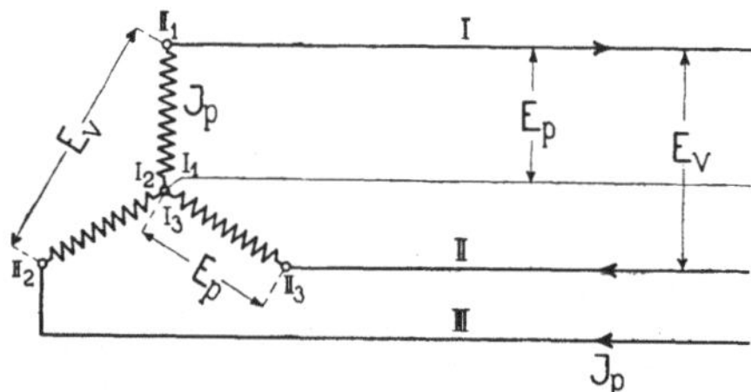

Fig. 71.   Verkettetes Dreiphasensystem.
(Sternschaltung).

17. Dreieckschaltung bei gleicher Belastung der drei Phasen.

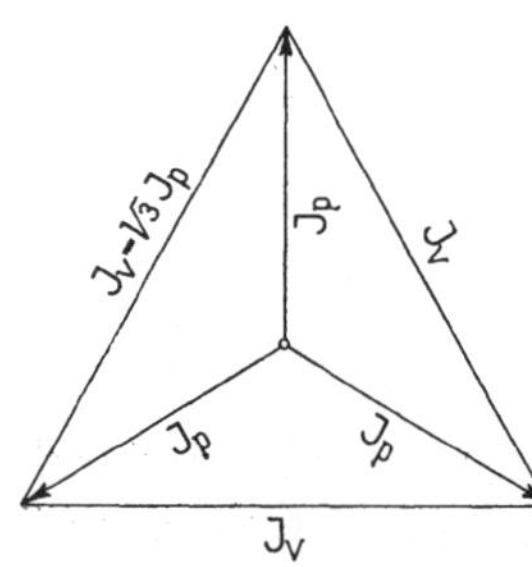

Fig. 72.   Stromdiagramm
der Dreieckschaltung.

Die Spannung zwischen zwei Außen-leitern ist gleich der Phasenspannung E_p, während der Strom J_v in einem Außen-leiter gleich der Resultierenden zweier Phasenströme ist.   (Siehe Fig. 72.)

$$J_v = \sqrt{3}\, J_p.$$

Die Schaltung der Lampen und Mo-toren ist aus Fig. 73 ersichtlich.

[1]) Die in diesem Buche durchgeführte Berechnung des Spannungsabfalls bei unsymmetrisch belasteten Drehstromleitungen entstammt der Diplomarbeit von H. Gallusser.

Der Spannungsabfall $\varDelta E_\triangle$ an den Nutzwiderständen pro Phase setzt sich dementsprechend zusammen aus den Potentialabfällen

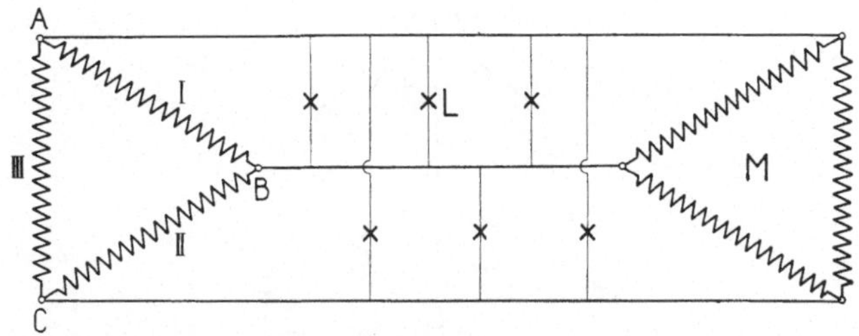

Fig. 73. Schaltung der stromverbrauchenden Apparate bei Dreieckschaltung.
$L =$ Lampen, $M =$ Motoren.

zweier Außenleiter. Für den Fall, daß die drei Phasen gleich belastet sind, werden die Spannungsabfälle in den drei Außenleitern gleich groß.

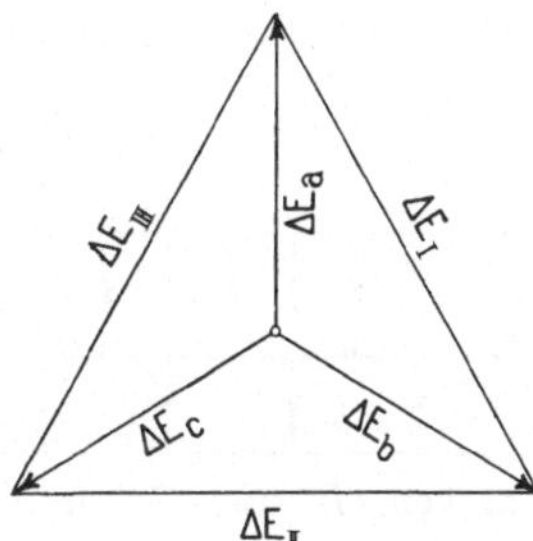

Fig. 74. Diagramm des Spannungsabfalls bei Dreieckschaltung.

$$\varDelta E_a = \varDelta E_b = \varDelta E_c = \varDelta E$$

und somit die Spannungsabfälle in den drei Phasen

$$\varDelta E_I = \varDelta E_{II} = \varDelta E_{III} = \sqrt{3}\,\varDelta E = J_v \cdot \frac{l}{q} \cdot \sqrt{3} \cdot \varrho = \sqrt{3} \cdot J_p \cdot \frac{l}{q} \sqrt{3} \cdot \varrho$$

$$= J_p \cdot \frac{l}{q} \cdot 3 \cdot \varrho.$$

18. Sternschaltung bei gleicher Belastung der drei Phasen.

Zwischen dem Mittelleiter und den Außenleitern haben wir die Phasenspannung E_p, zwischen den Außenleitern untereinander die verkettete Spannung E_v (Fig. 75)

$$E_v = \sqrt{3}\,E_p.$$

Aus **Fig. 76** ist die Schaltung der Lampen und Motoren ersichtlich.

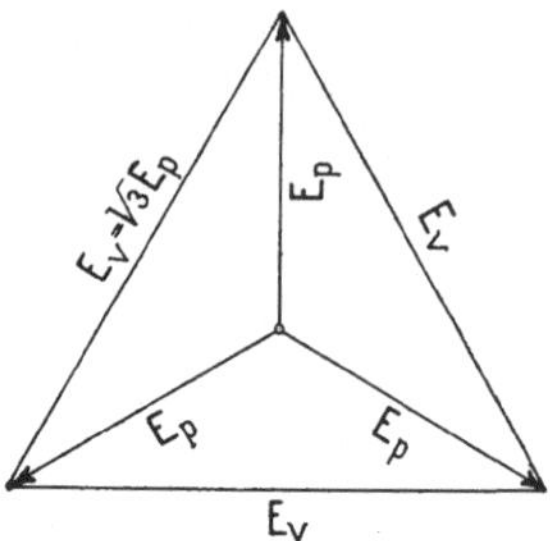

Fig. 75. Spannungsdiagramm der Sternschaltung.

Belasten wir jede Phase des Sternsystems mit demselben Strom $J_p = j$ (Fig. 77), so wird im neutralen Leiter kein Strom fließen,

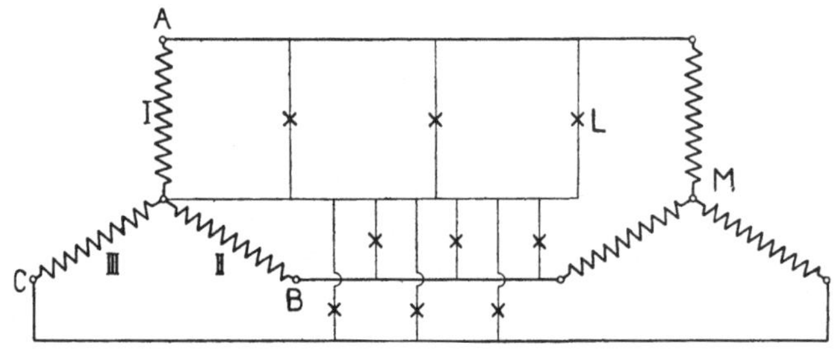

Fig. 76. Schaltung der Lampen (*L*) und Motoren (*M*) bei Sternschaltung.

der Mittelleiter könnte somit weggelassen werden. Der Spannungsabfall pro Phase ist in diesem Falle gleich dem Spannungsabfall eines Außenleiters.

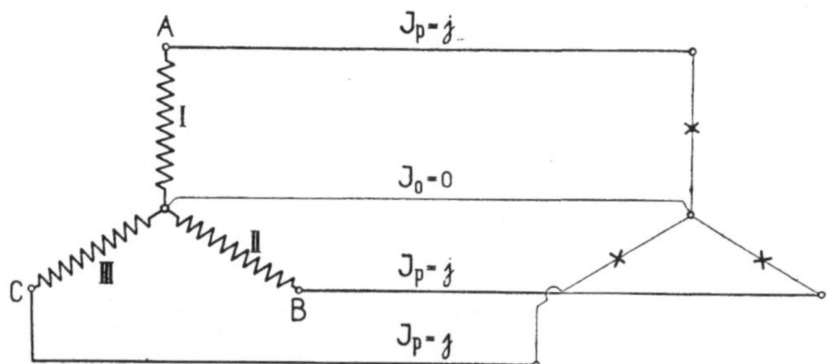

Fig. 77. Sternschaltung mit gleichgroßer und gleichverteilter Belastung
pro Phase.

$$\Delta E_I = \Delta E_{II} = \Delta E_{III} = J_p \cdot \frac{l}{q}\varrho.$$

Aus demselben Grunde wie beim Dreileitersystem ist es aber auch hier nicht möglich, den Mittelleiter fortzulassen. Betrachten wir Fig. 78, wo die Belastungen der drei Phasen nicht mehr in demselben Punkte zusammentreffen, so setzt sich der Spannungsabfall

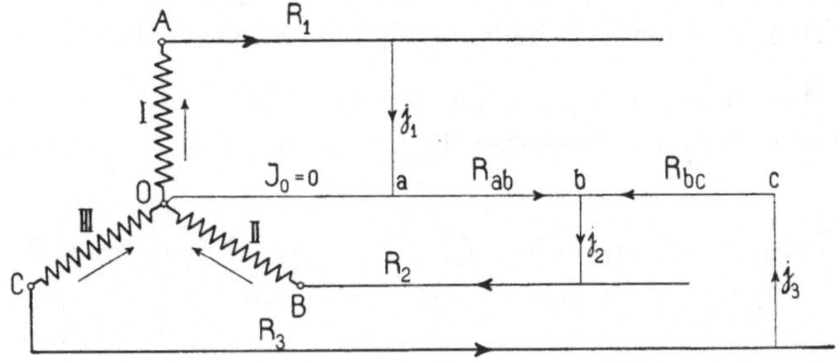

Fig. 78. Sternschaltung mit gleichgroßer aber ungleichverteilter Belastung pro Phase.

pro Phase aus dem Potentialabfall im Außenleiter und dem des Mittelleiters folgendermaßen zusammen.

Die Spannungsabfälle der drei Phasen seien

$$\varDelta E_I \quad \varDelta E_{II} \quad \varDelta E_{III}.$$

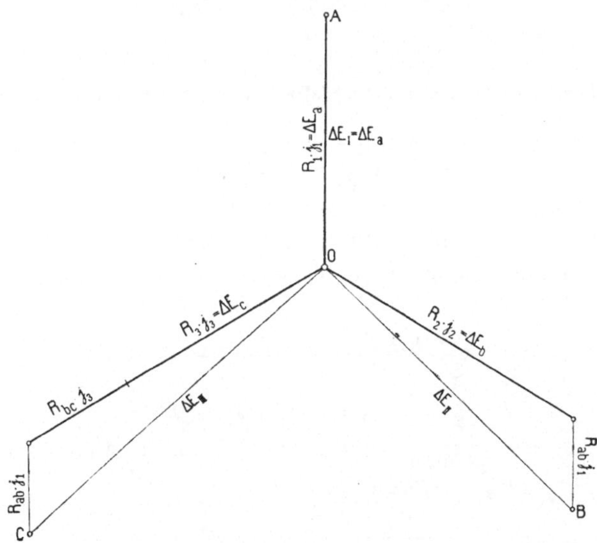

Fig. 79. Diagramm des Spannungsabfalls bei der Stromverteilung der Fig. 78.

Für die Phase I erhält man nur (siehe Fig. 79) den Spannungsabfall des Außenleiters I.

$$\varDelta E_I = R_1 \cdot j_1 = OA.$$

Für die Phase II dagegen den aus dem Spannungsabfall für das Stück ab des Mittelleiters und dem des Außenleiters II resultierenden Vektor OB

$$\Delta E_{II} = R_2 \cdot j_2 \quad\frown\quad R_{ab} \cdot j_1 = OB.$$

(Das Zeichen $\frown$ bedeutet geometrische Addition.)

Für die Phase III setzt sich der resultierende Spannungsabfall entsprechend aus den Vektoren $R_3\, j_3$, $R_{bc}\, j_3$ und $R_{ab}\, j_1$ zusammen, also

$$\Delta E_{III} = (R_3 \cdot j_3 + R_{bc} \cdot j_3) \quad\frown\quad R_{ab} \cdot j_1 = OC.$$

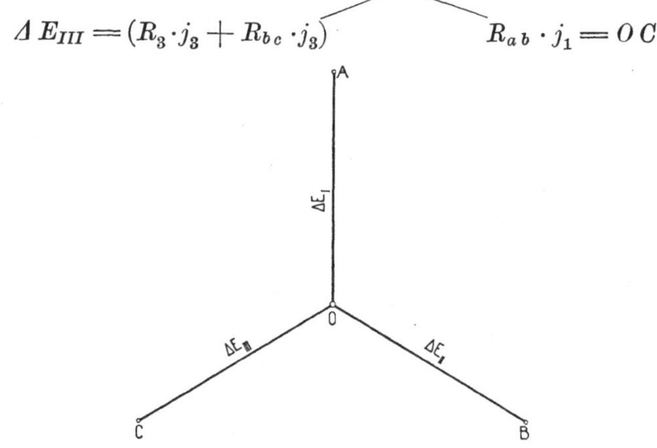

Fig. 80. Diagramm des Spannungsabfalls bei der Stromverteilung in Fig. 77.

Fallen die Punkte a, b und c zusammen, so wird $R_1 = R_2 = R_3$ und $R_{ab} = R_{bc} = 0$ und die Fig. 79 geht in die Fig. 80 über. Diese zwei Diagramme lassen recht deutlich den Einfluß des Mittelleiterstromes auf den Spannungsabfall der einzelnen Phasen erkennen. Derselbe wird also um so kleiner, je mehr die Punkte a, b und c zusammenrücken.

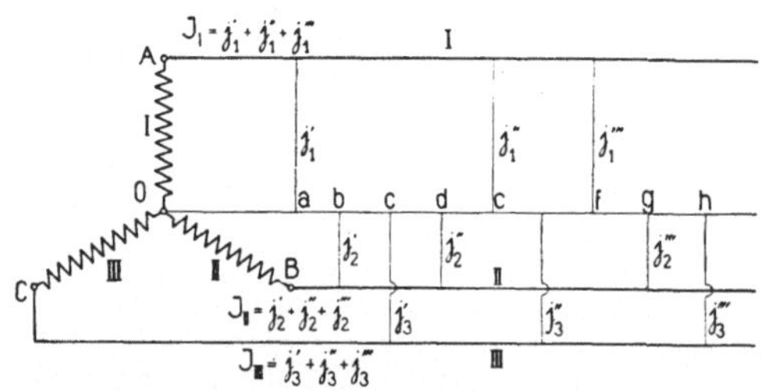

Fig. 81. Sternschaltung mit gleicher, aber ungleichverteilter Belastung pro Phase.

Hat man pro Phase mehrere Nutzwiderstände angeschlossen, aber so, daß die drei Phasen gleichbelastet sind (Fig. 81), so verfährt man mit der Bestimmung des Spannungsabfalls in den einzelnen Phasen nach demselben Prinzip wie im vorhergehenden Fall. Von a ausgehend, ermittelt man mit Hilfe des ersten Kirchhoffschen Gesetzes die Stromverteilung im Mittelleiter, und den Potentialabfall in ihm als Resultierende aller Potentialabfälle von a bis zu dem betreffenden Punkte. Hierzu den entsprechenden Spannungsabfall des Außenleiters geometrisch addiert, ergibt den resultierenden Spannungsabfall der Phase in diesem Punkte.

Die Frage nach der günstigsten Verteilung der Nutzwiderstände auf die einzelnen Phasen wird von demselben Gesichtspunkte aus zu ventilieren sein, wie beim Dreileitersystem, und man wird auch hier sagen können, daß die Verteilung der Nutzwiderstände auf die einzelnen Phasen dann am günstigsten ist, wenn der resultierende Spannungsabfall einer Phase in keinem Teile des Netzes größer ist als der am Ende eines Außenleiters allein auftretende maximale Spannungsabfall.

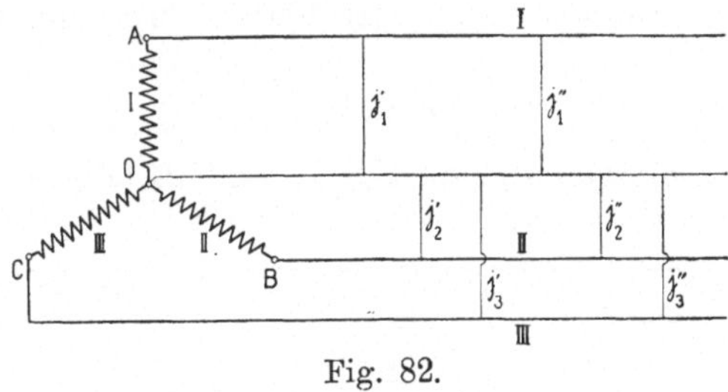

Fig. 82.

Beim Mittelleiter muß also der Spannungsabfall gegen das Ende hin ein Minimum werden, d. h.

$$\sum_{a}^{n} J_o \cdot l = 0 \text{ oder ein Minimum.}$$

Im ersten Teil des Mittelleiters darf der Potentialabfall noch einen ziemlich großen Wert annehmen, da der Potentialabfall im

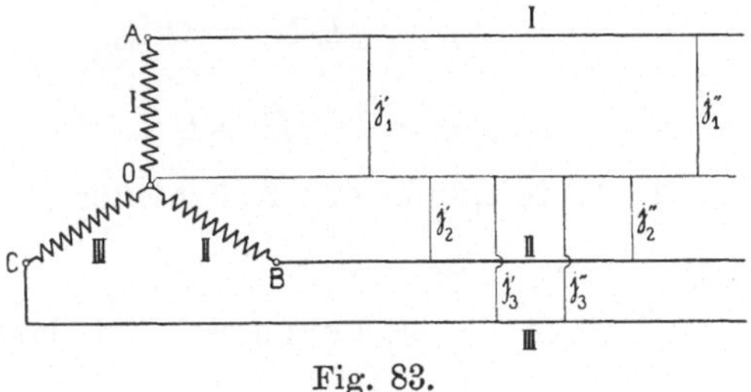

Fig. 83.

Außenleiter noch klein ist, jedoch nur so groß, daß er mit dem Spannungsabfall des Außenleiters eine Resultierende ergibt, die kleiner ist als der am Ende des Außenleiters allein auftretende maximale Spannungsabfall. Die Figuren 82 und 83 zeigen die Verteilung der Nutzwiderstände auf die einzelnen Phasen und entsprechen den Figuren 63 und 64 für die Belastungsverteilung auf die beiden Netzhälften des Dreileitersystems.

19. Dreieckschaltung bei ungleicher Belastung der drei Phasen.

In den folgenden Diagrammen sind die Vektoren der Spannungsabfälle stets in Richtung der Ströme aufgetragen worden, nicht, wie es den wirklichen Verhältnissen entspricht, in entgegengesetzter Richtung. Dies ist zulässig, da das Resultat, wie man leicht ersieht, dadurch nicht beeinflußt wird. Bei Zusammensetzung von Spannungsabfällen mit Spannungen müssen die jeweiligen Richtungen natürlich in Rücksicht gezogen werden.

Nehmen wir zunächst an, wir hätten pro Phase nur einen Belastungsstrom

$$J_I, \ J_{II} \text{ und } J_{III}.$$

Die Außenleiterströme seien J_a, J_b und J_c (Fig. 84 und 85).

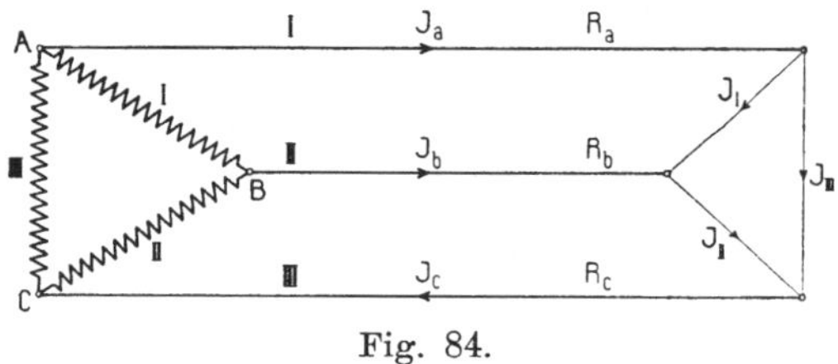

Fig. 84.

Aus Fig. 85 ergibt sich

$$J_a = \widehat{J_I \ J_{III}} = \ I \ III = O\,A,$$

$$J_b = \widehat{J_I \ J_{II}} = \ I \ II \ = O\,B,$$

$$J_c = \widehat{J_{II} \ J_{III}} = II \ III = O\,C.$$

Ferner seien die Widerstände der Außenleiter

$$R_a = R_b = R_c = R.$$

Die Potentialabfälle in diesen Leitungen sind dann

$$\Delta E_a = R \cdot J_a,$$
$$\Delta E_b = R \cdot J_b,$$
$$\Delta E_c = R \cdot J_c.$$

Da $R_a = R_b = R_c = R$, so stellen die Stromvektoren J_a, J_b und J_c, wenn der Maßstab von J noch mit R multipliziert wird, zugleich auch die Potentialabfälle in den drei Außenleitern dar. Es ist also (Fig. 85)

$$\Delta E_a = I\ III = O\,A,$$
$$\Delta E_b = II\ I = O\,B,$$
$$\Delta E_c = III\,II = O\,C.$$

Der Spannungsabfall an den Enden der Nutzwiderstände setzt sich zusammen aus den Spannungsabfällen der beiden Zuleitungen.

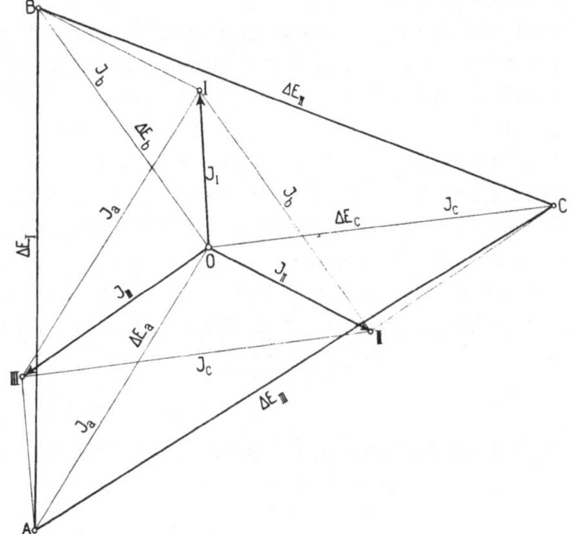

Fig. 85. Diagramm des Spannungsabfalls für Fig. 84.

Bezeichnen ΔE_I, ΔE_{II} und ΔE_{III} die Spannungsabfälle für die Phase I, II und III, so ist

$$\Delta E_I = \Delta \overset{\frown}{E_a\ \Delta E_b} = A\,B,$$

$$\Delta E_{II} = \Delta \overset{\frown}{E_b\ \Delta E_c} = B\,C,$$

$$\Delta E_{III} = \Delta \overset{\frown}{E_a\ \Delta E_c} = C\,A.$$

Entlasten wir jetzt eine Phase allmählich, um zu sehen, von welchem Einfluß dies auf den Spannungsabfall der anderen Phasen ist, z. B. Phase I, so sehen wir, daß nicht nur der Vektor $O\,B = J_b$, sondern auch der Vektor $O\,A = J_a$ abnimmt. Dadurch werden aber alle drei Seiten des Dreiecks $A\,B\,C$ kleiner, d. h. die Spannungsabfälle aller drei Phasen nehmen ab. Bei der Entlastung von zwei Phasen sinken ΔE_I, ΔE_{II} und ΔE_{III} entsprechend schneller. Und daraus folgt, daß beim Dreiphasensystem mit Dreieckschaltung die größten Spannungsabfälle dann auftreten, wenn alle drei Phasen maximal belastet sind, und daß die Spannungsabfälle aller Phasen abnehmen, sobald die Belastung einer oder zweier Phasen verringert wird.

Was hier für einen Belastungsstrom pro Phase abgeleitet ist, läßt sich auch ohne weiteres für mehrere Belastungsströme durchführen, wenngleich in diesem Fall die Sache komplizierter ist. Der oben ausgesprochene Satz hat somit für △-Schaltung allgemeine Gültigkeit.

Für die Praxis ist das soeben gewonnene Resultat von großer Bedeutung, denn es wird kaum vorkommen, daß alle drei Phasen gleichzeitig maximal belastet sind, es wird viel mehr meistens nur eine Phase maximal, die anderen dagegen nur teilweise belastet sein. Wenn daher das Netz so dimensioniert ist, daß der bei gleichzeitiger maximaler Belastung aller Phasen auftretende Spannungsabfall nicht größer ist als der zulässige, so wird er auch bei keiner anderen Belastung diesen Wert überschreiten. Dies ist ein großer Vorteil der Dreieckschaltung im Gegensatz zur Sternschaltung, wo, wie wir jetzt sehen werden, dies nicht der Fall ist.

20. Sternschaltung mit ungleicher Belastung der drei Phasen.

Bei ungleicher Belastung der drei Phasen fließt im Mittelleiter (Fig. 86) ein Ausgleichstrom J_o, der der Größe nach gleich

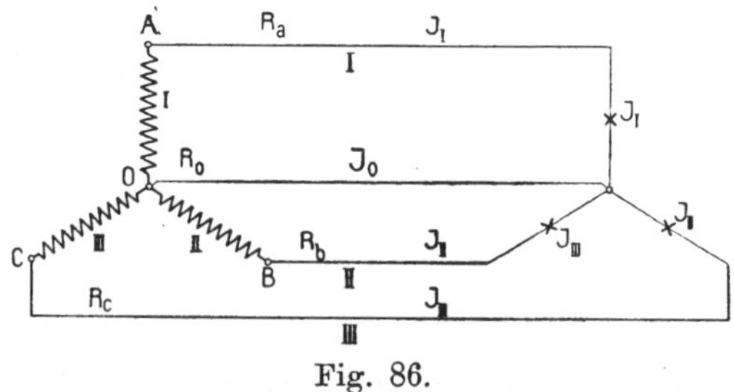

Fig. 86.

der Resultierenden aller Belastungsströme der drei Phasen, dem Vorzeichen nach aber entgegengesetzt ist.

$$J_o = - \widehat{J_I}\,\widehat{J_{II}}\,J_{III}.$$

Durch Bestimmung der Stromverteilung im Mittelleiter und unter geometrischer Addition des jeweiligen Potentialabfalls im Außenleiter erhält man wieder den resultierenden Spannungsabfall pro Phase.

Um den Einfluß des Mittelleiterstromes auf den Spannungsabfall der Phasen zu untersuchen, nehmen wir in gleicher Weise wie vorhin an, daß in jeder Phase nur je ein Belastungsstrom J_I, J_{II} und J_{III} fließe, und zwar sollen diese Ströme in einem Punkte des Mittelleiters zusammentreffen und anfangs alle gleich groß sein. Durch allmähliches Entlasten einer und hierauf zweier Phasen kann man dann die Spannungsänderungen der drei Phasen leicht verfolgen.

a) Eine Phase wird nach und nach entlastet.

Der Querschnitt des Mittelleiters sei gleich dem eines Außenleiters, also

$$R_o = R_a = R_b = R_c = R.$$

Anfangs $\qquad J_I = J_{II} = J_{III} = O\,A = O\,B = O\,C,$

somit $\qquad J_o = 0.$　(Siehe Fig. 87.)

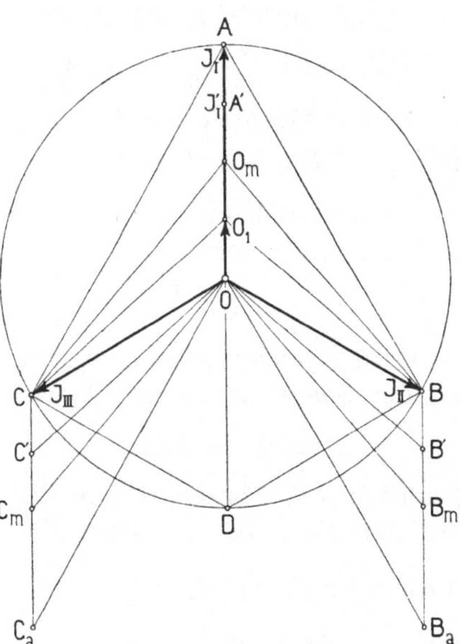

Fig. 87. Diagramm des Spannungsabfalls für Fig. 86, wenn eine Phase allmählich entlastet wird.

Da R für alle Leiter denselben Wert hat, so stellen die Stromvektoren, im veränderten Maßstabe, wieder die Spanungsabfälle dar, und da $J_o = 0$, so ist der Spannungsabfall pro Phase gleich dem Spannungsabfall im Außenleiter.

Bezeichnen wir die Potentialabfälle im Außenleiter mit $\varDelta E_a$, $\varDelta E_b$ und $\varDelta E_c$, dann ist

$$\varDelta E_I = \varDelta E_a = \varDelta E_{II} = \varDelta E_b = \varDelta E_{III} = \varDelta E_c = OA = OB = OC.$$

Aus dem Diagramm von Fig. 87 ersieht man, daß

$$\widehat{J_{II} J_{III}} = OD = -OA,$$

$$J_I = OA, \text{ also}$$

$$\widehat{J_{II} J_{III}} \ \widehat{J_I} = -J_o = OD \ \widehat{OA} = 0.$$

Phase I werde jetzt entlastet, d. h. J_I werde kleiner, z. B.

$$J_I = J_I' = OA',$$

dann ist der Ausgleichstrom im Mittelleiter

$$J_o = -OD \ \widehat{OA'} = A'A = OO_1, \text{ also}$$

$$J_o = J_I - J_I'.$$

Somit wird der Spannungsabfall der Phase I

$$\varDelta E_I = R(J_I' - J_o) = O_1 A'.$$

Für Phase II   wird $\varDelta E_{II} = O_1 C = OC'.$

„   „   III   „ $\varDelta E_{III} = O_1 B = OB'.$

Wie man sieht, ändert sich bei Abnahme des Stromes J_I der Vektor OD nicht, J_o ist somit nur von J_I abhängig und wird bei der Belastung $\dfrac{J_I}{2}$ den Wert $\dfrac{J_I}{2}$ haben, der Spannungsabfall $\varDelta E_I$ wird daher gleich Null. Wird J_I noch kleiner und schließlich gleich Null, so wird $J_o = J_I$ und der Spannungsabfall $\varDelta E_I$ wird gleich $-\varDelta E_a$

$$\varDelta E_I = -\varDelta E_a.$$

Die Spannungsabfälle der Phasen II und III werden, wie das Diagramm zeigt, für den Fall, daß J_I gleich Null wird,

$$\varDelta E_{II} = AB = OB_a = \sqrt{3} \cdot OB,$$

$$\varDelta E_{III} = AC = OC_a = \sqrt{3} \cdot OC,$$

und zwar ist

$$\varDelta E_{II} = \varDelta E_{III}.$$

Die Punkte B und C bewegen sich also bei allmählicher Abnahme von J_I von B nach B_a resp. von C nach C_a.

Hat der Mittelleiter einen kleineren Querschnitt als die Außenleiter, wie das bei ausgeführten Leitungsnetzen meistens der Fall ist, so wächst der Potentialabfall in ihm entsprechend schneller. Im Diagramm muß er daher noch mit einem Faktor, der das Verhältnis des Querschnittes eines Außenleiters zu dem des Mittelleiters berücksichtigt, multipliziert werden.

b) Zwei Phasen werden gleichmäßig entlastet.

Wir machen dieselben Annahmen wie bei a.

Also
$$R_o = R_a = R_b = R_c = R.$$

Anfangs sei $J_I = J_{II} = J_{III} = OA = OB = OC$.

somit $\qquad J_o = 0.$

Die Stromvektoren stellen wieder gleichzeitig, in verändertem Maßstabe, die Spannungsabfälle dar (Fig. 88.) Die Spannungsabfälle der Außenleiter seien $\varDelta E_a$, $\varDelta E_b$ und $\varDelta E_c$.

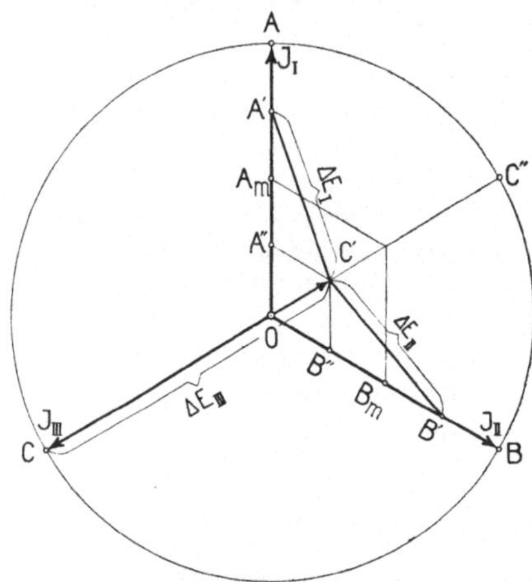

Fig. 88. Diagramm des Spannungsabfalls für Fig. 86, wenn zwei Phasen allmählich entlastet werden.

Die Belastung der Phasen I und II nimmt jetzt gleichzeitig und gleichmäßig ab, z. B. um das Stück AA' resp. BB'.
Dann wird der Ausgleichstrom im Mittelleiter, da

$$A'A = OA'' \text{ und } B'B = OB'',$$

$$J_o = OA'' \overset{\frown}{} OB'' = OC'.$$

J_o fällt in die Richtung von J_{III}, hat aber entgegengesetztes Vorzeichen. Die Spannungsabfälle der einzelnen Phasen setzen sich

zusammen aus den Potentialabfällen ihrer Außenleiter und dem des
Mittelleiters. Es ist somit

$$\varDelta E_I = A' C',$$

$$\varDelta E_{II} = B' C',$$

$$\varDelta E_{III} = C C'.$$

Der maximale Spannungsabfall ($\varDelta E_{III}$) wird bei Entlastung
von zwei Phasen größer, als wenn nur eine Phase entlastet wird.

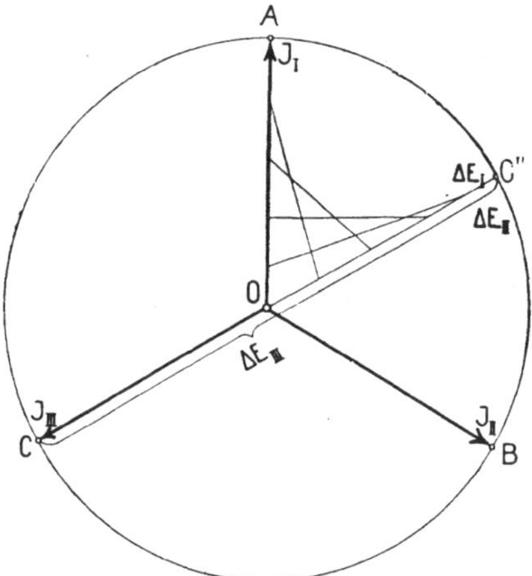

Fig. 89. Diagramm des Spannungsabfalls für Fig. 86, wenn Phase I und II
unbelastet sind.

Entlasten wir die beiden Phasen I und II weiter, so wandern
die Punkte A' und B' weiter gegen O und der Punkt C' gegen C''.
Hierbei ändern die Spannungsabfälle $\varDelta E_I$ und $\varDelta E_{II}$, wie man aus
dem Diagramm Fig. 88 und 89 ersieht, allmählich ihre Richtung und
werden, wenn $J_I = J_{II} = 0$, gleich $C'' O$. Für letzteren Fall wird

$$\varDelta E_{III} = 2 \varDelta E_c.$$

Verfolgen wir jetzt in Fig. 90, welchen Einfluß die Richtungs-
änderung des Spannungsabfalles in den Phasen I und II auf die
Klemmenspannung ihrer Nutzwiderstände hat.

$O E_o$ sei die Spannung, wenn keine Phase belastet ist, also die
Speisepunktspannung.

$O E_b$ die Klemmenspannung der Nutzwiderstände, wenn alle
drei Phasen gleich belastet sind.

Dann ist $E_o - E_b$ der Spannungsverlust $\varDelta E_I$.

Werden die Phasen I und II nun allmählich entlastet, so ändert
$\varDelta E_I$, ebenso $\triangle E_{II}$, wie wir gesehen haben, seine Größe und

Richtung, infolge dessen wächst die Klemmenspannung E_b an den Nutzwiderständen auch allmählich, bis sie schließlich über den Wert der Speisepunktsspannung hinaus ihren maximalen Wert E_{bm} erreicht.

Bezüglich der Verschiedenheit der Querschnitte zwischen Mittelleiter und Außenleiter gilt das unter a) gesagte.

Die hier gewonnenen Resultate werden genügen, um unsere unter bestimmten Annahmen gemachten Untersuchungen ohne weiteres für alle Belastungsfälle durchführen zu können. Wir ersehen also, daß bei der Sternschaltung im Gegensatz zur Dreieckschaltung der bei gleichmäßiger maximaler Belastung aller Phasen verursachte Spannungsabfall durch Belastungsänderung nur einer oder zwei Phasen bedeutend überschritten werden kann. Für den ungünstigsten Fall — bei den hier gemachten Voraussetzungen — wurde der Spannungsabfall in Phase III verdoppelt, und in den anderen beiden Phasen entstand eine Spannungserhöhung. Dieser Fall wird aber praktisch so gut wie gar nicht vorkommen, vielmehr werden die einzelnen Phasen meistens ungefähr gleichmäßig belastet sein, und geringe Unterschiede in der Belastung hatten, wie wir sahen, in allen Phasen einen mehr oder weniger großen Spannungsabfall aber noch keine Spannungserhöhung zur Folge. Erst wenn zwei Phasen um mehr als die Hälfte entlastet wurden, trat in denselben eine Spannungserhöhung auf. In der Praxis braucht man also diese Spannungserhöhung nicht zu berücksichtigen, sondern lediglich die Vermehrung des Spannungsabfalls in der noch voll belasteten Phase.

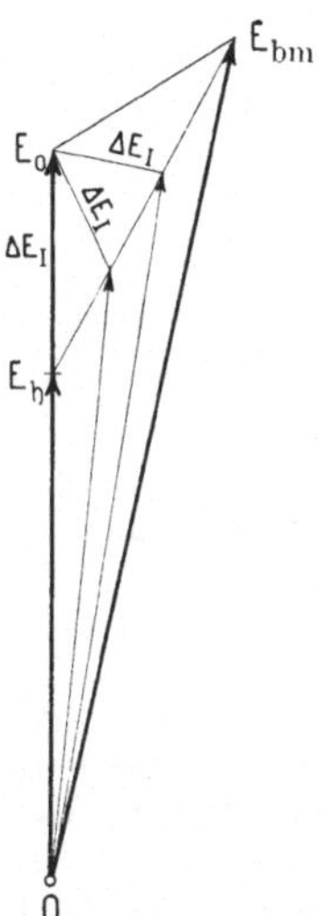

Fig. 90. Spannungsdiagramm der zwei entlasteten Phasen in Fig. 86.

Viertes Kapitel.

Speiseleitungen.

21. Allgemeines.

Bevor wir auf die Berechnung der Speiseleitungen eingehen, ist es notwendig, das Wichtigste über die Anordnung der Leitungen selbst mitzuteilen, da diese bei der Berechnung mit zu berücksichtigen ist, und auch andererseits gerade durch die Rechnung die Vor- und Nachteile der verschiedenen Ausführungen am besten zu Tage treten.

Man hat zu unterscheiden zwischen Luftleitungen, die als solche nicht isoliert sind, und in Erde verlegten Leitungen oder Kabeln, die mit einer besonderen Isolationsschicht und einem Schutzmantel gegen mechanische Einflüsse versehen sind. Die Luftleitungen sind durch Isolatoren verschiedenster Art, die je nach dem Gelände auf hölzernen oder eisernen Masten oder auch an Häusern befestigt sind, von der Erde isoliert. Die Beantwortung der Frage, ob man im gegebenen Fall Kabel oder Luftleitungen verwenden soll, wird meistens von verschiedenen Verhältnissen abhängen, auf die hier nicht näher eingegangen werden soll; im allgemeinen läßt sich jedoch sagen, daß man schon der billigeren Herstellung wegen dort, wo es angängig ist, Luftleitungen verwenden wird. Lange Fernleitungen wird man stets als Luftleitungen ausführen und erst bei Eingang der Stadt wird man zu Kabeln übergehen.

Die Luftleitungen bestehen aus einfachen Kupferdrähten; für Kabel hat man verschiedene Anordnungen. Man unterscheidet sogenannte verseilte Kabel, die ähnlich wie ein Seil gedrallt sind,

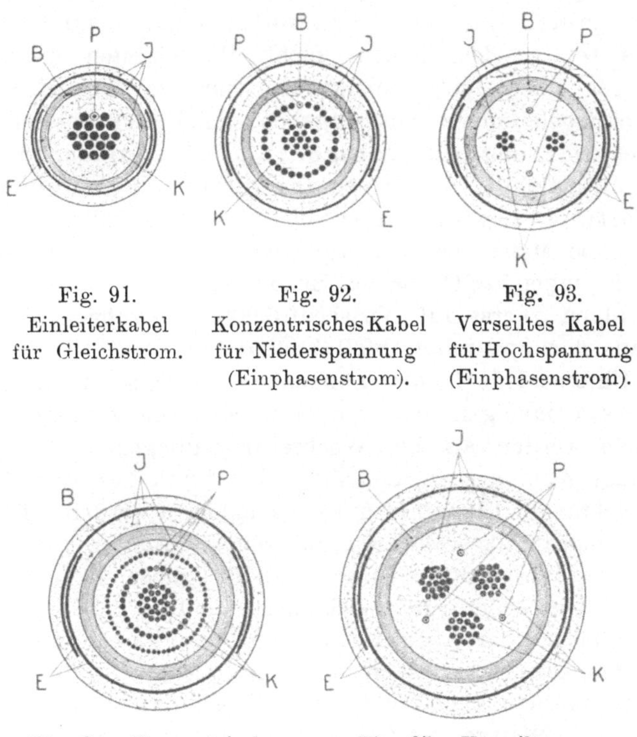

<table>
<tr><td>Fig. 91.
Einleiterkabel
für Gleichstrom.</td><td>Fig. 92.
Konzentrisches Kabel
für Niederspannung
(Einphasenstrom).</td><td>Fig. 93.
Verseiltes Kabel
für Hochspannung
(Einphasenstrom).</td></tr>
<tr><td>Fig. 94. Konzentrisches
Kabel für Drehstrom.</td><td>Fig. 95. Verseiltes
Kabel für Drehstrom.</td><td></td></tr>
</table>

Kabelquerschnitte.

$K =$ Kupferleiter, $J =$ Isolation, $B =$ Bleimantel, $E =$ Eisenbandagen, $P =$ Prüfdrähte.

und konzentrische Kabel, die aus einer röhrenförmigen und einer zylindrisch angeordneten, oder aus zwei röhrenförmig angeordneten Drahtschichten bestehen. Die Fig. 91—95 stellen die gebräuchlichen Formen dar, aus denen auch die Anordnung der Prüfdrähte mit ersichtlich ist.

Die Speiseleitungen haben, wie bereits erwähnt, den Zweck, das Verteilungsnetz in den Speisepunkten mit Energie zu versorgen. Und da letztere, wenn irgend möglich, konstante Spannung haben sollen, so folgt daraus, daß der Spannungsabfall in allen Speiseleitungen gleich groß sein muß. Die ungefähre Größe desselben wird meistens durch die Rücksicht auf die Wirtschaftlichkeit bestimmt sein, die hier im Gegensatz zu den Verteilungsleitungen zu allererst mit in Frage kommt.

Bei den Verteilungsleitungen handelte es sich ja lediglich um die zulässige Größe des Spannungsabfalls, die nicht in allen Leitungen gleich zu sein brauchte, einen maximalen Wert aber, wie wir gesehen haben, nicht überschreiten durfte. Dadurch waren aber auch die Grenzen für die Wirtschaftlichkeit der Verteilungsleitungen mit gegeben. Bei den Speiseleitungen handelt es sich dagegen weniger um die zulässige Größe des Spannungsabfalls, als vielmehr darum, daß derselbe in allen Leitungen gleich ist; die Wirtschaftlichkeit wird also hier in vollem Maße berücksichtigt werden können. Man ermittelt deshalb die ungefähre Größe des Spannungsabfalls, indem man die Speiseleitungen zuerst auf Wirtschaftlichkeit berechnet (Seite 113) und daraus den Spannungsabfall bestimmt.

Die Unterschiede in den Längen der einzelnen Leitungen, die bei Gleichstromanlagen der kürzeren Entfernung wegen relativ größer sein werden als bei Wechselstromanlagen, müssen durch verschiedene Wahl der Querschnitte oder durch besondere Regulierungsvorrichtungen (Seite 144 u. f.) ausgeglichen werden. Die Größe des Spannungsabfalls schwankt in weiten Grenzen. Bei Gleichstromleitungen, wo der Spannungsabfall gleich dem Ohmschen Verlust ist, liegt er ungefähr zwischen 6 und 15 %.

Hier gibt uns der prozentuale Spannungsverlust auch ein Maß für den Energieverlust in der Speiseleitung. Bei Wechselstrom ist dies bekanntlich aber nicht der Fall, sondern dort ist lediglich der prozentuale Wattverlust für den Energieverlust maßgebend, und aus diesem Grunde geht man bei Wechselstrom-Speiseleitungen auch vielfach vom prozentualen Wattverlust aus, der sich aus der wirtschaftlichen Stromdichte unmittelbar ergibt. Der prozentuale Wattverlust ist aber meistens nicht gleich dem prozentualen Spannungsabfall, dieselben können je nach der Phasenverschiebung sehr verschieden sein.

Bei Wechselstromleitungen unterscheidet sich der Spannungsverlust vom reinen Ohmschen Spannungsverlust bekanntlich durch die hinzutretenden Einflüsse der Selbstinduktion, Kapazität und des sogenannten Skineffektes, die bei der Berechnung des Spannungsverlustes mehr oder weniger zu berücksichtigen sind. Untersuchen wir daher im folgenden, wann und in welchem Maße dies der Fall ist.

22. Selbstinduktionskoeffizient einer Doppelleitung in Luft.

a) Bei Einphasenstrom. Fließt in einem Stromkreise ein Strom von 1 Amp., so bezeichnet man bekanntlich die Zahl seiner Verkettungen mit dem durch ihn erzeugten Kraftfluß als den **Koeffizienten der Selbstinduktion.** Da die Permeabilität für Luft gleich eins ist, so ist der Kraftfluß

$$\Phi = l \int_0^D H\, dx,$$

wo l die Länge der Doppelleitung, D der Abstand der beiden Leiter ist; d sei der Leiterdurchmesser. Die Feldstärke H setzt sich aus den Einzelfeldstärken jedes Leiters H_1 und H_2 zusammen

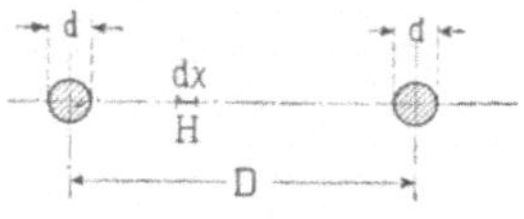

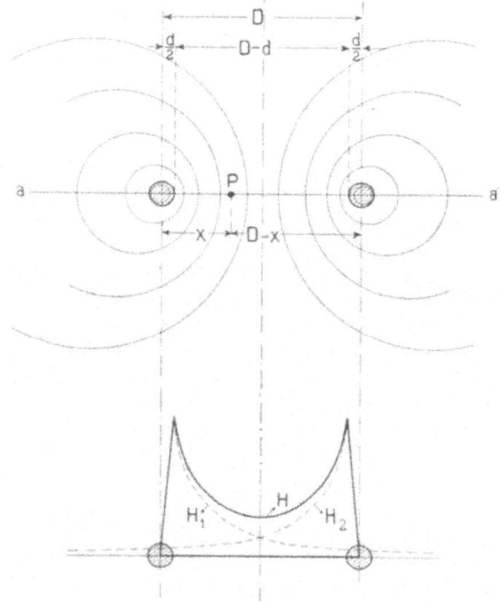

Fig. 96.

$$H = H_1 + H_2,$$

somit ist

$$\Phi = l \int_0^D H\, dx = l \left(\int_0^D H_1\, dx + \int_0^D H_2\, dx \right).$$

Durch den Einfluß des „Skineffektes" (Seite 87) verteilt sich ein Wechselstrom nicht gleichmäßig über den Querschnitt des ganzen Leiters, sondern die Stromdichte nimmt von innen nach außen zu. Um den Selbstinduktionskoeffizienten genau berechnen zu können, müßte man daher die Verteilung des Stromes auf den Querschnitt erst kennen, die sehr umständlich genau zu ermitteln ist. Es genügt jedoch, für die beiden extremen Fälle, daß der Strom gleichmäßig über den ganzen Querschnitt verteilt ist und daß der

Fig. 97. Feld einer Doppelleitung in Luft.

Strom in einer unendlich dünnen Schicht dicht unter der Oberfläche im Leiter verläuft, den Selbstinduktionskoeffizienten zu ermitteln und aus den gefundenen Werten das Mittel zu nehmen. Die Zusammenstellung dieser Mittelwerte für die verschiedenen Leitungen befindet sich auf Seite 78.

Nehmen wir zuerst an, daß der Strom sich gleichmäßig über den ganzen Querschnitt des Leiters verteilt, so ist die Feldintensität H für das Intervall $x = 0$ und $x = \dfrac{d}{2}$ (Fig. 97)

$$H = H_1 + H_2 = \frac{0{,}2\,x}{\left(\dfrac{d}{2}\right)^2} + \frac{0{,}2}{D - x}.$$

Somit wird der Kraftfluß in diesem Intervall

$$\Phi' = l \int_0^{\frac{d}{2}} \frac{0{,}2\,x}{\left(\dfrac{d}{2}\right)^2}\,dx + l \int_0^{\frac{d}{2}} \frac{0{,}2}{D - x}\,dx = l\left[0{,}1 + 0{,}46\,\lg\left(\frac{D}{D - \dfrac{d}{2}}\right)\right].$$

Für das Intervall $x = \dfrac{d}{2}$ und $x = D - \dfrac{d}{2}$ wird der Kraftfluß

$$\Phi'' = l \int_{\frac{d}{2}}^{D - \frac{d}{2}} \frac{0{,}2}{x}\,dx + l \int_{\frac{d}{2}}^{D - \frac{d}{2}} \frac{0{,}2}{D - x}\,dx = l \cdot 0{,}92 \cdot \lg\left(\frac{D - \dfrac{d}{2}}{\dfrac{d}{2}}\right).$$

Und im Intervall $x = D - \dfrac{d}{2}$ und $x = D$ haben wir den Kraftfluß

$$\Phi''' = l \int_{D - \frac{d}{2}}^{D} \frac{0{,}2}{x}\,dx + l \int_{D - \frac{d}{2}}^{D} \frac{0{,}2\,(D - x)}{\left(\dfrac{d}{2}\right)^2}\,dx = l\left[0{,}1 + 0{,}46\,\lg\left(\frac{D}{D - \dfrac{d}{2}}\right)\right].$$

Der gesamte Kraftfluß Φ ist somit

$$\Phi = \Phi' + \Phi'' + \Phi''' = l\left(0{,}2 + 0{,}92\,\lg\frac{2\,D}{d}\right).$$

Die Kraftflußverkettung eines Stromkreises ist gleich der Windungszahl mal dem erzeugten Kraftfluß. Fassen wir die Hin- und Rückleitung als eine Windung auf, so wird, wenn in dem Stromkreis ein Strom von 1 Amp. fließt, die Zahl der Kraftflußverkettungen

$$L = l\left[0{,}2 + 0{,}92\,\lg\left(\frac{2\,D}{d}\right)\right]10^{-8}\text{ Henry} \qquad . \quad (8)$$

und die Reaktanz x des Stromkreises wird

$$x = 2\,\pi\,c\,L = 2\,\pi\,c\,l\left[0{,}2 + 0{,}092\,\lg\left(\frac{2\,D}{d}\right)\right]10^{-8}\text{ Ohm.}$$

Wenn wir zweitens annehmen, daß der Strom in einer unendlich dünnen Schicht dicht unter der Oberfläche des Leiters verläuft, so erhält man für L

$$L = l \cdot 0{,}92\,\lg\left(\frac{2\,D}{d}\right)10^{-8}\text{ Henry und } . \quad . \quad (9)$$

$$x = 2\,\pi\,c\,l \cdot 0{,}92\,\lg\left(\frac{2\,D}{d}\right)10^{-8}\text{ Ohm.}$$

Der Selbstinduktionskoeffizient L_1 einer Leitung ist gleich der Hälfte des Selbstinduktionskoeffizienten der gesamten Leitung

$$L_1 = \frac{1}{2}\,L.$$

23. Beispiele.

1. Eine Speiseleitung mit einem Querschnitt $q_s = 50$ mm² oder mit einem Durchmesser von $d = 8$ mm soll einen Einphasenstrom von 30 Amp. und 50 Perioden auf eine Entfernung von 15 km übertragen. Die Entfernung der beiden Leitungen sei $D = 45$ cm. Wie groß ist der Selbstinduktionskoeffizient, die Impedanz und der Spannungsabfall dieser Leitung?

Unter der Annahme, daß der Strom sich gleichmäßig über den Querschnitt verteilt, erhält man für den Koeffizienten der Selbstinduktion

$$L = l\left[0{,}2 + 0{,}92\,\lg\left(\frac{2\,D}{d}\right)\right]10^{-8}$$

$$= 15 \cdot 10^5 \cdot [0{,}2 + 0{,}92 \cdot 2{,}05]\,10^{-8} = 15 \cdot 10^{-3} \cdot 2{,}09 =$$

$$= 0{,}0314 \text{ Henry.}$$

Und die Reaktanz wird

$$x = 2\,\pi\,c\,L = 2\cdot 3{,}14\cdot 50\cdot 0{,}0314 = 9{,}86 \text{ Ohm}.$$

Somit ist die Impedanz z, wenn wir von der Kapazität der Leitung absehen

$$z = \sqrt{r^2 + x^2}\,,$$

$$r = \frac{l}{q}\cdot 2\,\varrho = \frac{15000}{50}\cdot 2\cdot 0{,}0175 = 10{,}5 \text{ Ohm},$$

$$z = \sqrt{10{,}5^2 + 9{,}86^2} = 14{,}4 \text{ Ohm}.$$

Wenn 30 Amp. in der Speiseleitung fließen, so wird der Spannungsabfall infolge des Ohmschen Widerstandes

$$\varDelta E' = J\cdot r = 30\cdot 10{,}5 = 315 \text{ Volt},$$

der Spannungsabfall infolge der Reaktanz

$$\varDelta E'' = J\cdot x = 30\cdot 9{,}86 = 296 \text{ Volt},$$

der Spannungsabfall infolge der Impedanz

$$\varDelta E = J\cdot z = 30\cdot 14{,}4 = 432 \text{ Volt}.$$

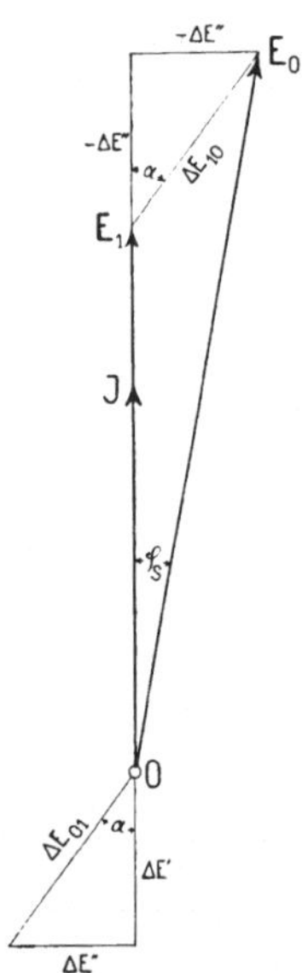

Fig. 98. Spannungsdiagramm einer Speiseleitung bei induktionsfreier Belastung.

2. Wie groß muß die der Speiseleitung aufgedrückte Spannung E_0 (Klemmenspannung des Generators) sein, wenn die Spannung an den Enden derselben $E_1 = 8000$ Volt betragen soll, der Belastungsstrom $J = 30$ Amp. ist und die Belastung als induktionsfrei angenommen werden kann (Glühlampen)?

In Fig. 98 sei E_1 die Endspannung der Speiseleitung, J der Belastungsstrom, der, wie wir annahmen, mit E_1 in Phase ist. Der Ohmsche Spannungsabfall $\varDelta E'$ ist mit J in Phase, der induktive Spannungsabfall $\varDelta E''$ steht senkrecht auf J. Der resultierende Spannungsabfall

$$\varDelta E_{01} = \varDelta E' \widehat{} \varDelta E''.$$

Die aufzudrückende Anfangsspannung E_0 der Speiseleitung setzt sich daher aus E_1 und dem negativen Wert von $\varDelta E_{01}$ zusammen. Also

$$E_0 = E_1 \widehat{} (-\,\varDelta E_{01}) = E_1 \widehat{} (+\,\varDelta E_{10}).$$

(Die Aufeinanderfolge der Indices $_0$ und $_1$ [Anfangs- und End-
punkt] deutet die Richtung des Spannungsabfalls an.)

$$E_0 = \sqrt{[E_1 + (-\Delta E')]^2 + (-\Delta E'')^2}$$
$$= \sqrt{8315^2 + 296^2} = 8320 \text{ Volt.}$$

Für den $\sphericalangle \alpha$, den der resultierende Spannungsabfall ΔE_{01}
mit J einschließt und den wir als **Impedanzwinkel der Leitung**
bezeichnen wollen, gilt die Beziehung

$$\operatorname{tg} \alpha = \frac{\Delta E''}{\Delta E'} = \frac{296}{315} = 0{,}937,$$

also

$$\alpha = 43^0 \, 12'.$$

Die Spannung E_0 eilt dem Strome J um den Winkel φ_s voraus.
φ_s nennen wir den **Phasenverschiebungswinkel der Leitung**

$$\operatorname{tg} \varphi_s = \frac{296}{8315} = 0{,}0356$$

oder

$$\varphi_s = 2^0 \, 24'.$$

3. Wie groß muß die aufgedrückte Spannung E_0 sein, wenn
$E_1 = 8000$ Volt an den Enden der Speiseleitung, der Belastungsstrom $J = 30$ Amp. ist und die induktive Belastung eine Nacheilung des Stromes von $\varphi_b = 60^0$ verursacht?

Den Winkel φ_b bezeichnen
wir als **Phasenverschiebungswinkel der Belastung.**

Die Konstruktion des Dia-
grammes (Fig. 99) ist analog derjenigen in Fig. 98, nur daß hier
nicht der Strom mit E_1 in Phase,
sondern um den Winkel φ_b nacheilt. Infolgedessen wird auch der
resultierende Spannungsabfall ΔE_{10}
um den Winkel φ_b gegen vorhin
verschoben. ΔE_{10} eilte aber, wie
wir gesehen haben, E_1 um den
Winkel α voraus, die resultierende Nacheilung beträgt also nur
$\varphi_b - \alpha$. Je nachdem $\varphi_b \gtrless \alpha$ ist,
wird ΔE_{10} gegen E_1, nacheilen in

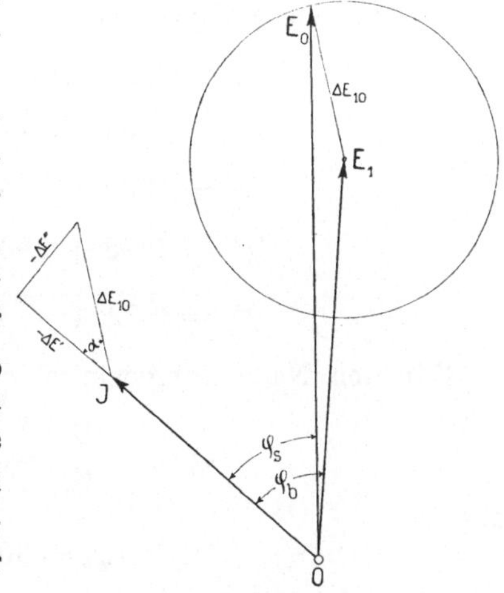

Fig. 99. Spannungsdiagramm einer
Speiseleitung bei induktiver Belastung.

Phase sein oder voreilen. Die Größe von ΔE_{10} bleibt aber bei gleichem Strom immer dieselbe, der Endpunkt von ΔE_{10} und somit

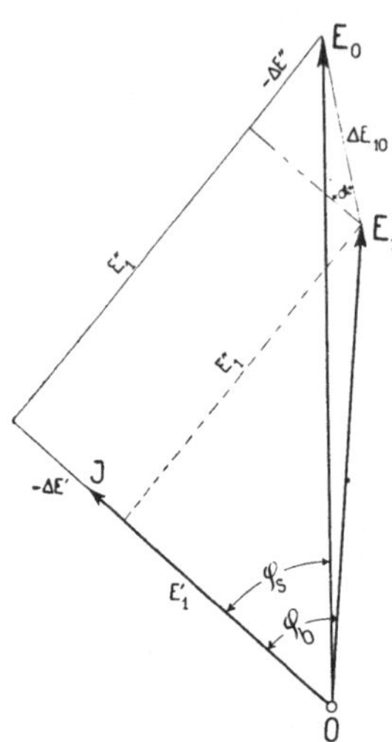

Fig. 100. Spannungsdiagramm einer Speiseleitung und Zerlegung in Komponenten.

auch der Endpunkt von E_0 bewegt sich deshalb auf einem Kreise vom Radius ΔE_{10} um den Mittelpunkt E_1. E_0 wird ein Maximum gleich $E_1 + \Delta E_{10}$, wenn $\varphi_b = \alpha$, d. h. wenn der Phasenverschiebungswinkel der Leitung gleich dem Impedanzwinkel der Leitung wird. Der Spannungsverlust in der Leitung wird also hier am größten. Der Wattverlust bleibt natürlich für alle Fälle konstant, denn dieser ist lediglich vom Belastungsstrom J und vom Widerstand der Leitung abhängig, die ihre Größe nicht ändern. Wird $\varphi_b > \alpha$, so nimmt E_0 wieder ab.

E_0 erhält man analytisch am einfachsten, wenn man E_1 in zwei Komponenten E_1' und E_1'' zerlegt; E_1' in Richtung von J, E_1'' senkrecht zu J (Fig. 100). Indem wir zu E_1' den Ohmschen Spannungsabfall $\Delta E'$, zu E_1'' den induktiven Spannungsabfall $\Delta E''$ addieren, und diese beiden Komponenten zusammensetzen, erhalten wir E_0. Also

$$E_1' = E_1 \cos \varphi_b; \quad E_1'' = E_1 \sin \varphi_b.$$

In unserem Beispiel ist

$$E_1' = 0{,}5 \cdot 8000 = 4000 \ \text{Volt},$$

$$E_1'' = 0{,}866 \cdot 8000 = 6928 \ \text{Volt},$$

$$E_0' = 4000 + 315 = 4315 \ \text{Volt},$$

$$E_0'' = 6928 + 296 = 7224 \ \text{Volt},$$

$$E_0 = \sqrt{7224^2 + 4315^2} = 8415 \ \text{Volt}.$$

Für den Nacheilungswinkel φ_s wird dann

$$\operatorname{tg} \varphi_s = \frac{E_0''}{E_0'} = \frac{7224}{4315} = 1{,}676$$

oder

$$\varphi_s = 60^0 \ 30'.$$

Und die Phasendifferenz zwischen E_0 und E_1 ist somit

$$\varphi_b - \varphi_s = -(0^0 \ 30').$$

Wie man aus dem Beispiel ersieht, kann die Reaktanz bei langen Fernleitungen Werte annehmen, die bei der Rechnung sehr wohl zu berücksichtigen sind. Aus diesem Grunde ist man bei der Herstellung von Kabeln auf den Gedanken gekommen, durch besondere konzentrische Anordnung der beiden Leiter den Einfluß der Reaktanz, d. h. den Koeffizienten der Selbstinduktion, auf ein Minimum zu reduzieren. Dadurch treten aber Kapazitätserscheinungen im Kabel auf, die, wie wir auf Seite 81 sehen werden, sehr nachteilig werden können, so daß man in neuerer Zeit die konzentrischen Kabel wieder verlassen hat und heute fast nur noch verseilte verwendet.

Um jedoch einen Vergleich zwischen den verschiedenen Leitern und ihren Vor- und Nachteilen ziehen zu können, sei hier kurz darauf eingegangen. Die im folgenden Abschnitt untersuchte Kabel besteht aus einem zylindrischen und einem röhrenförmigen Leiter, die koaxial angeordnet und sowohl untereinander als auch von der Erde isoliert sind (Fig. 101). Bei einer gleichen von Ferranti stammenden Anordnung sind beide Leiter röhrenförmig. Auf diese Weise heben sich die Felder der beiden Ströme, die entgegengesetzte Richtung haben, außerhalb des äußeren Leiters auf, der Selbstinduktionskoeffizient wird somit sehr klein.

24. Selbstinduktionskoeffizient von konzentrischen Kabeln mit einem zylindrischen Leiter.

In Fig. 101 ist ein solches Kabel im Querschnitt dargestellt. Daselbst bedeutet d_1 den Durchmesser des inneren Leiters, d_2 und d_3 den inneren bezw. den äußeren Durchmesser des koaxialen röhrenförmigen Leiters.

Die Ströme in beiden Leitern sind gleich groß, aber entgegengesetzt gerichtet. Zuerst nehmen wir wieder an, daß der Strom sich gleichmäßig über den Querschnitt verteilt.

Die von diesem System erzeugten Kraftlinien sind aus Symmetriegründen Kreise, deren Mittelpunkte auf der Achse des Kabels liegen, und deren Ebenen normal zu dieser Achse stehen. Die Feldstärke H in irgend einem Punkte ist bekanntlich

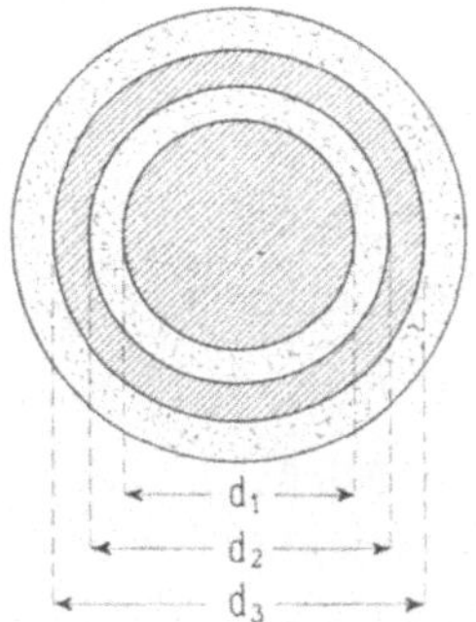

Fig. 101. Doppelkabel mit koaxialer Anordnung.

$$H = \frac{0,2\,i}{x},$$

wo x den Abstand dieses Punktes von der Achse bedeutet und i gleich dem resultierenden Strome ist, der durch die Fläche eines Kreises vom Radius x hindurchgeht.

Wird in unserem Falle x gleich d_3, so wird der resultierende Strom gleich Null, folglich auch H außerhalb des äußeren Leiters gleich Null.

Wir bekommen daher für den gesamten Kraftfluß Φ

$$\Phi = 0{,}2\, l \int\limits_{0}^{\frac{d_3}{2}} \mu \cdot i\, \frac{d\,x}{x}.$$

Nehmen wir $\mu = 1$ an, so wird der Kraftfluß Φ', der im zylindrischen Leiter verläuft, wenn in jedem Leiter ein Strom von 1 Amp. fließt.

$$\Phi' = 0{,}2\, l \int\limits_{0}^{\frac{d}{2}} \frac{x}{\left(\dfrac{d_1}{2}\right)^2}\, d\,x = 0{,}1\, l.$$

Der Kraftfluß Φ'' in der Isolationsschicht zwischen den zwei Leitern ist

$$\Phi'' = 0{,}2 \cdot l \int\limits_{\frac{d_1}{2}}^{\frac{d_2}{2}} \frac{d\,x}{x} = 0{,}46\, \lg\left(\frac{d_2}{d_1}\right).$$

Die Feldstärke H im röhrenförmigen Leiter nimmt nach außen hin ab, weil der resultierende Strom i mit der Vergrößerung der äußeren Kreisringfläche, deren Radien $\dfrac{d_2}{2}$ bezw. x sind, abnimmt und für $x = \dfrac{d_3}{2}$ gleich Null ist.

Fließt in jedem Leiter ein Strom von J Amp., so ist der resultierende Strom i, der durch die Kreisfläche vom Radius x $\left(\text{wo } \dfrac{d_2}{2} < x < \dfrac{d_3}{2}\right)$ hindurchgeht,

$$i = J\, \frac{d_3{}^2 - (2\,x)^2}{d_3{}^2 - d_2{}^2}.$$

Da man bei der Definition der Selbstinduktionskoeffizienten von der Einheit des Stromes, also $J = 1$ Amp., ausgeht, so wird der Kraftfluß Φ''', der im äußeren Leiter fließt

$$\Phi''' = l \int\limits_{x=\frac{d_2}{2}}^{x=\frac{d_3}{2}} \frac{0{,}2\,i}{x}\,dx = \frac{0{,}2\,l}{d_3{}^2 - d_2{}^2} \int \frac{d_3{}^2 - (2\,x)^2}{x}\,dx$$

$$= l\left[\, 0{,}46\,\frac{d_3{}^2}{d_3{}^2 - d_2{}^2}\,\lg\left(\frac{d_3}{d_2}\right) - 0{,}1 \,\right].$$

Durch Summation der drei Kraftflüsse Φ', Φ'', Φ''' erhalten wir

$$\Phi = \Phi' + \Phi'' + \Phi''' = 0{,}46\,l\left[\,\lg\left(\frac{d_2}{d_1}\right) + \frac{d_3{}^2}{d_3{}^2 - d_2{}^2}\,\lg\left(\frac{d_3}{d_2}\right)\,\right].$$

Da die beiden Leitungen als eine Windung aufgefaßt werden können, so wird der Selbstinduktionskoeffizient L

$$\boldsymbol{L = 0{,}46\,l\left[\,\lg\left(\frac{d_2}{d_1}\right) + \frac{d_3{}^2}{d_3{}^2 - d_2{}^2}\,\lg\left(\frac{d_3}{d_2}\right)\,\right]10^{-8}\,\text{Henry}} \quad (10)$$

Dieser Wert von L gilt nur unter der Annahme, daß die Stromdichte über den ganzen Querschnitt gleichmäßig verteilt ist. Denken wir uns, daß der Strom in einer unendlich dünnen Schicht dicht unter der Oberfläche im Leiter verläuft, so wird, wenn die Radien dieser beiden Schichten $\frac{d_1}{2}$ und $\frac{d_2}{2}$ sind,

$$L = 0{,}46 \cdot l \cdot \lg\left(\frac{d_2}{d_1}\right) 10^{-10}\,\text{Henry} \quad . \quad . \quad . \quad (11)$$

Die Reaktanz

$$x = 2\,\pi c L\,10^{-8}\,\text{Ohm}.$$

25. Selbstinduktionskoeffizient von konzentrischen Kabeln mit zwei röhrenförmigen Leitern.

d_0, d_1, d_2 und d_3 seien die inneren bez. die äußeren Durchmesser der beiden Leiter. Wenn wir konstante Stromdichte annehmen und die Rechnung in gleicher Weise wie vorhin durchführen, so erhalten wir

$$\boldsymbol{L = 0{,}46 \cdot l\left[\,\lg\left(\frac{d_2}{d_1}\right) + \frac{d_3{}^2}{d_3{}^2 - d_2{}^2}\,\lg\left(\frac{d_3}{d_2}\right) - \frac{d_0{}^2}{d_1{}^2 - d_0{}^2}\,\lg\left(\frac{d_1}{d_0}\right)\,\right]10^{-8}}$$
$$\boldsymbol{\text{Henry}} \quad . \quad . \quad (12)$$

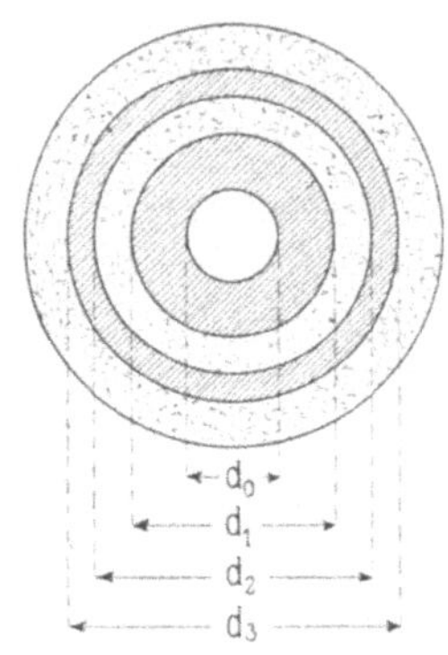

Verlaufen die beiden Ströme in unendlich dünnen Schichten dicht unter den der mittleren Isolationsschicht zugewendeten Oberflächen der Leiter, so wird

$$L = 0{,}46 \cdot l \cdot \lg\left(\frac{d_2}{d_1}\right) 10^{-8} \text{ Henry} \quad (13)$$

und die Reaktanz

$$x = 2\,\pi c L\, 10^{-8} \text{ Ohm.}$$

Fig. 102.   Doppelkabel
mit koaxialer Anordnung.

26. Beispiel.

Wie groß ist der Selbstinduktionskoeffizient eines Kabels von 15 km Länge und den in Fig. 103 angegebenen Dimensionen. Die Querschnitte q_s sind

$$q_s = \frac{8^2 \cdot \pi}{4} = 50 \text{ mm}^2,$$

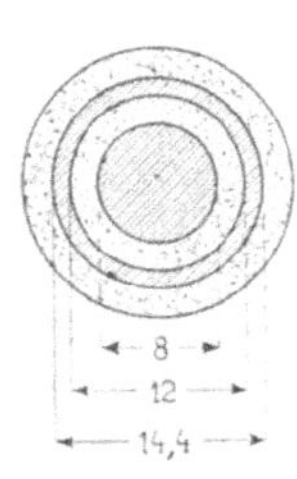

Fig. 103.

$$q_s = \frac{14{,}4^2 - 12^2}{4}\,\pi = 50 \text{ mm}^2,$$

entsprechend dem auf Seite 69 angegebenen Beispiele.   Es ist

$$L = 0{,}46 \cdot 15 \cdot 10^5 \cdot \left[\lg\frac{12}{8} + \frac{14{,}4^2}{14{,}4^2 - 12^2}\lg\left(\frac{14{,}4}{12}\right)\right] 10^{-8} \text{ Henry,}$$

$$= 0{,}46 \cdot 15 \cdot 10^{-3}\,[0{,}176 + 0{,}258] = 0{,}003 \text{ Henry.}$$

Die Induktanz dieses Kabels ist also mehr als 10mal kleiner als bei der Luftleitung auf Seite 69.

Bildet jeder Leiter für sich ein Kabel, so muß eine Eisenarmierung vermieden werden, da sonst die Selbstinduktion jeder Leitung wegen der größeren magnetischen Leitfähigkeit des Eisens außerordentlich groß würde.

27. Selbstinduktionskoeffizient von Drehstromleitungen.

Bei Drehstromleitungen erfolgt die Berechnung von L in ähnlicher Weise wie bei dem Einphasensystem, nur mit dem Unterschied, daß man L nur für eine Leitung allein ermittelt.

In Fig. 104 sind die drei Leitungen eines Drehstromsystems aufgezeichnet.

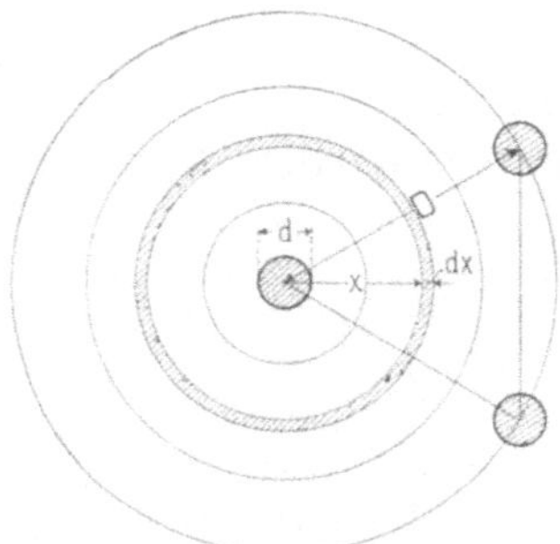

Fig. 104.

Bei einem Strom von 1 Amp. ist der mit einem Leiter verkettete Kraftfluß Φ

$$\Phi = \int\limits_{0}^{\frac{d}{2}} \frac{0{,}2 \cdot x \cdot l \cdot dx}{\left(\frac{d}{2}\right)^2} + \int\limits_{\frac{d}{2}}^{D} \frac{0{,}2\,l}{x}\, dx = l \left(0{,}1 + 0{,}46 \lg \frac{2\,D}{d}\right).$$

Somit wird für die erste Annahme der Stromverteilung

$$L = l \left[0{,}1 + 0{,}46 \lg \left(\frac{2\,D}{d}\right)\right] 10^{-8}\,\text{Henry} \quad . \quad (14)$$

Und für den zweiten Fall

$$L = l \cdot 0{,}46 \lg \left(\frac{2\,D}{d}\right) 10^{-8}\,\text{Henry} \quad . \quad . \quad . \quad (15)$$

Dieser Wert von L entspricht dem auf Seite 69 gefundenen Den Spannungsabfall der Drehstromleitung erhält man, wenn man den Spannungsabfall ΔE_{10} eines jeden Leiters bestimmt, wie dies für die Einphasenleitung auf Seite 70 u. f. geschehen ist und mit Hilfe von ΔE_{10} und E_1 die aufgedrückte Spannung E_0 pro Phase ermittelt. (Siehe Fig. 105.)

Sind alle drei Phasen gleich induktiv belastet, so bewegen sich die Endpunkte der aufgedrückten Phasenspannungen entsprechend dem Fall auf Seite 71 auf Kreisen vom Radius ΔE_{10}. Die Verbindung der Endpunkte von E_0 für die drei Phasen ergibt dann die verkettete aufgedrückte Spannung E_{vo} der Drehstromleitung, die bei gleicher Belastung der drei Phasen, gleichviel ob sie induktiv oder induktionsfrei ist, gleich

$$E_{vo} = \sqrt{3}\, E_o .$$

Sind dagegen die Belastungen der drei Phasen ungleich, so werden die Spannungsverluste derselben $\Delta E_{10}{}'$, $\Delta E_{10}{}''$ und $\Delta E_{10}{}'''$

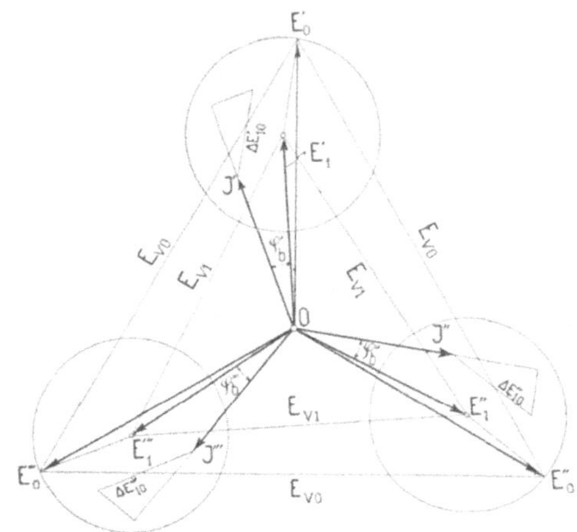

Fig. 105. Spannungsdiagramm einer Drehstrom-Speiseleitung.

verschieden sein und dementsprechend auch die Werte für $E_0{}'$, $E_0{}''$ und $E_0{}'''$. Auch die drei Phasenverschiebungswinkel $\varphi_s{}'$, $\varphi_s{}''$ und $\varphi_s{}'''$ sind dann nicht mehr gleich groß.

28. Zusammenstellung der Mittelwerte für die Selbstinduktionskoeffizienten von Luftleitungen und Kabel.

Mittelwert von L einer Speiseleitung für Einphasenstrom (Hin- und Rückleitung)

$$L = l \cdot \left[0{,}1 + 0{,}92 \, \lg \left(\frac{2\,D}{d} \right) \right] 10^{-8} \text{ Henry,}$$

für konzentrische Kabel mit koaxialem Leiter

$$L = 0{,}46 \cdot l \cdot \left[\lg \left(\frac{d_2}{d_1} \right) + \frac{1}{2} \frac{d_3{}^2}{d_3{}^2 - d_2{}^2} \lg \left(\frac{d_3}{d_2} \right) \right] 10^{-8} \text{ Henry,}$$

für konzentrische Kabel mit zwei röhrenförmigen Leitern

$$L = 0{,}46 \cdot l \cdot \left\{ \lg \left(\frac{d_2}{d_1} \right) + \frac{1}{2} \left[\frac{d_3{}^2}{d_3{}^2 - d_2{}^2} \lg \left(\frac{d_3}{d_2} \right) - \frac{d_0{}^2}{d_1{}^2 - d_0{}^2} \lg \left(\frac{d_1}{d_0} \right) \right] \right\} 10^{-8}$$

$$\text{Henry}$$

und für eine Leitung eines Drehstromsystems

$$L = l\left[0{,}050 + 0{,}46\lg\left(\frac{2\,D}{d}\right)\right]$$

In der folgenden Tabelle ist der Wert der Selbstinduktionskoeffizienten pro km für einen Leiter nach der obigen Formel für verschiedene Durchmesser d und verschiedene Entfernungen D berechnet. Die Werte für L sind in Millihenry angegeben, müssen also bei der Berechnung der Reaktanz noch mit 10^{-3} multipliziert werden. Für eine Doppelleitung (bei Einphasenstrom) sind dieselben noch zu verdoppeln.

Tabelle der Selbstinduktionskoeffizienten in Millihenry für eine Leitung bei verschiedenen Werten von D und a.

d	D in cm								
in mm	7,5	10	15	20	25	30	40	50	60
3,0	0,830	0,890	0,970	1,026	1,072	1,108	1,165	1,209	1,246
3,5	0,802	0,857	0,94	0,996	1,051	1,078	1,134	1,179	1,216
4,0	0,775	0,830	0,913	0,97	1,014	1,051	1,108	1,153	1,189
4,5	0,752	0,827	0,89	0,943	0,988	1,026	1,085	1,129	1,165
5,0	0,729	0,788	0,868	0,926	0,97	1,006	1,063	1,108	1,144
5,5	0,711	0,770	0,859	0,906	0,951	0,987	1,045	1,089	1,125
6,0	0,692	0,752	0,831	0,890	0,935	0,97	1,026	1,072	1,108
6,5	0,677	0,734	0,816	0,872	0,917	0,955	1,010	1,056	1,092
7,0	0.662	0,720	0,802	0,857	0,904	0,94	0,995	1,051	1,078
7,5	0,649	0,706	0,788	0,844	0,889	0,926	0,983	1,026	1,063
8,0	0,636	0,692	0,775	0,831	0,876	0,912	0,97	1,014	1,050
8,5	0,624	0,681	0,762	0,820	0,863	0,900	0,959	1,002	1,038
9,0	0,614	0,669	0,751	0,807	0,853	0,880	0,945	0,991	1,028
9,5	0,601	0,659	0,739	0,797	0,841	0,878	0,936	0,979	1,016
10,0	0,591	0,649	0,729	0,787	0,830	0,867	0,926	0,97	1,008
10,5	0,582	0,640	0,720	0,779	0,816	0,858	0,916	0,960	0,995
11	0,572	0,630	0,710	0,769	0,811	0,849	0,906	0,950	0,987
11,5	0,565	0,621	0,703	0,760	0,803	0,840	0,898	0,941	0,977
12	0,554	0,613	0,693	0,751	0,794	0,831	0,889	0,934	0,970

29. Kapazität eines konzentrischen Kabels.[1]

Ein konzentrisches Kabel und eine einfache oder doppelte Luftleitung stellen bekanntlich Kondensatoren dar, weil die beiden Leiter, resp. der Leiter und die Erde, durch eine Isolationsschicht getrennt sind und zwischen den Leitern eine Potentialdifferenz besteht. Und zwar ist die Kapazität eines Leiters das Verhältnis zwischen der Ladung desselben und der Potential-

---

[1] Siehe Ferraris S. 283 ff.

differenz zwischen beiden Leitern. Die Kapazität eines konzentrischen Kabels ist nach der allgemein gültigen Formel für die Kombination zweier zylindrischer Leiter

$$C = \frac{\varepsilon \cdot l}{4,6 \log \dfrac{d_2}{d_1}} \quad \text{in elektrostatischen Einheiten}$$

und

$$C = \frac{0,24 \cdot \varepsilon \cdot l}{\log \cdot \dfrac{d_2}{d_1}} \cdot 10^{-6} \text{ Mikrofarad,}$$

wo l die Länge des Kabels in cm,
   d_1 der äußere Radius des inneren Leiters in cm,
   d_2 der innere Radius des äußeren Leiters in cm,
   ε die Dielektrizitätskonstante ist.

30. Kapazität einer Doppelleitung in Luft oder eines verseilten Einphasenkabels.

Für diese Anordnung gilt angenähert

$$C = \frac{\varepsilon \cdot 0,12 \cdot l \, 10^{-6}}{\log \dfrac{2\,D}{d}} \text{ Mikrofarad} \quad . \quad . \quad (16)$$

wo l die Länge der Doppelleitung in cm, D die Entfernung der beiden Leiter in cm und d der Durchmesser derselben in cm bedeutet.

31. Kapazität bei Drehstromleitungen.

Die Kapazität eines Leiters einer Drehstromleitung ist angenähert

$$C = \frac{0,24 \cdot 10^{-6} \cdot l}{\log \dfrac{2\,D}{d}} \text{ Mikrofarad} \quad . \quad . \quad (17)$$

wo l die Länge der Leitung in cm, D die Entfernung eines Leiters von den andern in cm und d der Durchmesser des Leiters in cm bedeutet.

Um den Einfluß der Kapazität auf den Spannungsabfall der Leitung zu untersuchen, muß man den Ladestrom J_c ermitteln.

$$J_c = 2 \pi c \cdot C \cdot E \cdot 10^{-6} \text{ Amp.,}$$

c ist die Periodenzahl des Wechselstromes und E die Klemmenspannung. J_c eilt der Klemmenspannung um 90^0 voraus und zwar infolge dielektrischer Hysteresis um etwas weniger als 90^0, doch kann man diese geringe Differenz vernachlässigen. Bei Belastung der Leitung addiert sich der Ladestrom geometrisch zum Belastungsstrom.

32. Beispiele.

1. Wie groß ist die Kapazität der Speiseleitung in unserem Beispiel auf Seite 69 und wie groß ist der Ladestrom, wenn $E = 8000$ Volt ist?

Die Länge der Leitung ist 15 km $= 15 \cdot 10^5$ cm. Die Entfernung der beiden Drähte $D = 45$ cm und der Durchmesser eines Drahtes $d = 0,8$ cm. Die Kapazität ist dann

$$C = \frac{0,12 \cdot l \cdot 10^{-6}}{\log \dfrac{2\,D}{d}} = \frac{0,12 \cdot 15^5 \cdot 10^5 \cdot 10^{-6}}{\log \dfrac{90}{0,8}} = 0,088 \text{ mf.}$$

Somit wird der Ladestrom

$$J_c = 2\,\pi\,c\,C \cdot E \cdot 10^{-6} = 2 \cdot 3,14 \cdot 50 \cdot 0,088 \cdot 8000 \cdot 10^{-6}$$
$$= 0,22 \text{ Amp.}$$

oder

$$J_c = 0,7\,^0/_0 \text{ des Nutzstromes } J \text{ (30 Amp.).}$$

Da sich der Ladestrom zum Nutzstrom nicht algebraisch, sondern geometrisch addiert, so wird der Einfluß von J_c auf die Klemmenspannung E_0 sehr gering und daher vernachlässigt werden können.

2. Wie groß ist die Kapazität und der Ladestrom des konzentrischen Kabels in unserem Beispiel auf Seite 76.

Es war $l = 15$ km $= 15 \cdot 10^5$ cm,

$$d_1 = 0,8 \text{ cm,}$$
$$d_2 = 1,2 \text{ cm,}$$
$$C = \frac{0,24 \cdot 15 \cdot 10^5 \cdot 10^{-6}}{\log \dfrac{1,2}{0,8}} = 2,04 \text{ mf.}$$

Für $E = 8000$ Volt wird der Ladestrom J_c,

$$J_c = 2\,\pi\,c\,C \cdot E\,10^{-6} = 2 \cdot 3,14 \cdot 50 \cdot 2,04 \cdot 8000 \cdot 10^{-6}$$
$$= 5,15 \text{ Amp.}$$

oder

$$J_c = 17\,{}^0/_0 \text{ des Nutzstromes (30 Amp.).}$$

Hier hat der Ladestrom einen Wert, der nicht ohne weiteres vernachlässigt werden darf. Untersuchen wir daher im folgenden, welchen Einfluß er auf die Klemmenspannung hat.

33. Speiseleitungen mit Selbstinduktion und Kapazität.

Bei einer Wechselstromleitung verteilen sich bekanntlich die Wirkungen der Selbstinduktion und Kapazität auf die Länge der ganzen Leitung. Und da der Ladestrom $J_c = 2\,\pi\,c\,C \cdot E \cdot 10^{-6}$ ist, so nimmt derselbe mit der Kapazität von Anfang bis zum Ende der Leitung gleichmäßig ab. Dieser Ladestrom, der sich mit dem um 90^0 verschobenen Belastungsstrom zu einem resultierenden zusammensetzt, beeinflußt natürlich auch die Klemmenspannung. Um die Einwirkung der kontinuierlichen Abnahme von J_c auf den Spannungsabfall berechnen zu können, denken wir uns dieselbe sprungweise auf einzelne Punkte der Leitung verteilt, d. h. wir nehmen die Leitung kapazitätslos an und ersetzen die Kapazität durch eingeschaltete Kondensatoren in den betreffenden Punkten.

Fig. 106 zeigt diese Anordnung.

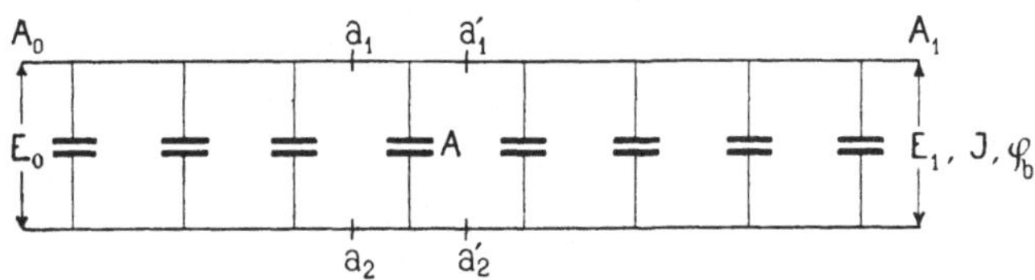

Fig. 106. Verteilte Kapazität einer Speiseleitung.

Die Größe der Kapazität eines Kondensators, z. B. A, muß gleich der Kapazität des entsprechenden Leitungsteiles $a_1\,a_1'$ und $a_2\,a_2'$ sein. Je mehr Kondensatoren man annimmt, desto näher kommt man der Wirklichkeit.

Gegeben sei die Spannung E_1 an den Enden der Leitung, der Belastungsstrom J und der Phasenverschiebungswinkel der Belastung φ_b.

Gesucht sei die Klemmenspannung E_0 und der Phasenverschiebungswinkel der Leitung φ_s.

Um die Konstruktion und den Gang der Rechnung zu vereinfachen, nehmen wir vorläufig an, daß die Kapazität der ganzen Leitung in einen Kondensator, der in der Mitte der Leitung angeschlossen ist, konzentriert sei. Für mehrere Kondensatoren muß dann die Konstruktion und Rechnung entsprechend oft wiederholt werden. Fig. 107 stellt den hier angenommenen Fall dar. Die Klemmenspannung des Kondensators C ergibt sich als Resultierende aus E_1 und dem Spannungsabfall von $A_1 A_2$, den wir mit ΔE_{12} bezeichnen.

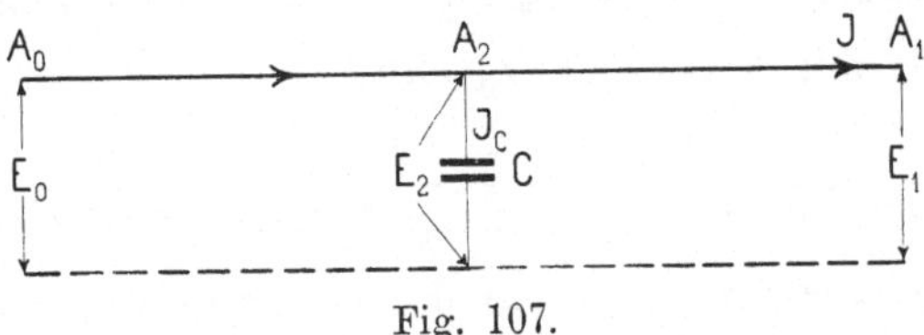

Fig. 107.

Im Punkte A_2 zweigt der Ladestrom J_c des Kondensators ab, der der Spannung E_2 um 90^0 vorauseilt. Wenn wir J_c und J zusammensetzen, so erhalten wir den Strom J_0, der von A_0 nach A_2 fließt. Addieren wir den Spannungsabfall dieses Stromes geometrisch zu E_2, so bekommen wir die gesuchte Spannung E_0.

Für $\varphi_b = 0$ ist (siehe Fig. 108)

$$E_2 = \sqrt{(E_1 + \Delta E_{12} \cos \alpha)^2 + (\Delta E_{12} \sin \alpha)^2}.$$

Der Winkel zwischen E_1 und E_2 sei ε_2. Für ihn gilt

$$\mathrm{tg}\, \varepsilon_2 = \frac{\Delta E_{12} \sin \alpha}{E_1 + \Delta E_{12} \cos \alpha}.$$

Der $\sphericalangle\, \varepsilon_2$ ist im allgemeinen so klein, daß wir, ohne einen merklichen Fehler zu begehen, annehmen dürfen, daß J_c auf E_1 senkrecht steht. Es ist dann

$$J_0 = \sqrt{J + J_c^2} \quad \text{und} \quad \mathrm{tg}\, \alpha_0 = \frac{J_c}{J}.$$

Da L und R für die Strecke $A_0 A_2$ und $A_2 A_1$ gleich groß sind, so haben auch die $\sphericalangle$, die die Spannungsabfälle ΔE_{12} und ΔE_{20} mit J resp. J_0 einschließen, dieselbe Größe. Um E_0 analytisch zu bestimmen, zerlegen wir die zwei Spannungsabfälle in ihre rechtwinkligen Komponenten in Bezug auf E_1. Also

$$\left. \begin{aligned} \Delta E_{12}' &= -JR \\ \Delta E_{12}'' &= -J \cdot 2\pi c L \end{aligned} \right\} \quad \mathrm{tg}\, \alpha = \frac{\Delta E_{12}''}{\Delta E_{12}'}$$

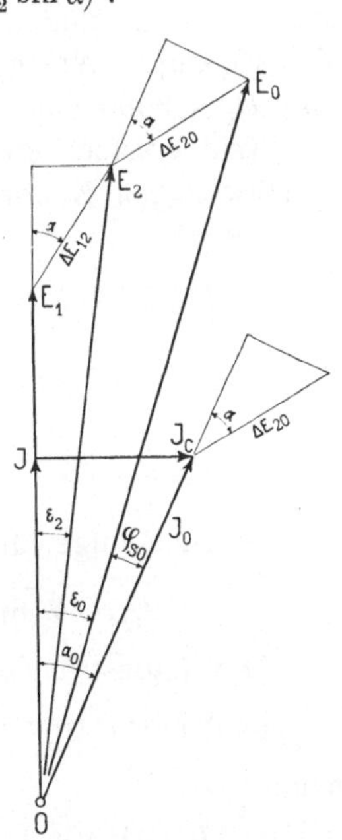

Fig. 108. Spannungsdiagramm einer Speiseleitung mit Selbstinduktion und Kapazität bei induktionsfreier Belastung.

6*

und
$$\Delta E_{20}' = \Delta E_{20} \cos(\alpha_0 + \alpha),$$
$$\Delta E_{20}'' = \Delta E_{20} \sin(\alpha_0 + \alpha).$$

Für E_0 folgt dann

$$E_0 = \sqrt{[E_1 + \Delta E_{12} \cos\alpha + \Delta E_{20} \cos(\alpha_0 + \alpha)]^2 + [\Delta E_{12} \sin\alpha + \Delta E_{20} \sin(\alpha_0 + \alpha)]^2}.$$

E_0 schließt mit E_1 den $\sphericalangle\ \varepsilon_0$ ein.

$$\operatorname{tg} \varepsilon_0 = \frac{\Delta E_{12} \sin\alpha + \Delta E_{20} \sin(\alpha_0 + \alpha)}{E_1 + \Delta E_{12} \cdot \cos\alpha + \Delta E_{20} \cos(\alpha_0 + \alpha)}.$$

Der Phasenverschiebungswinkel der Leitung φ_{so} zwischen E_0 und J_0 ist

$$\varphi_{so} = \alpha_0 - \varepsilon_0$$

ist φ_{so} positiv, so haben wir Phasenverfrühung, ist φ_{so} negativ Phasenverzögerung.

34. Beispiel.

Der Selbsinduktionskoeffizient einer Doppelleitung sei $L = 0{,}05$ Henry, die Kapazität $C = 2{,}0$ mf. und der Widerstand $R = 14$ Ohm. Der an den Enden der Leitung abgenommene Nutzstrom sei $J = 40$ Amp. Wie groß ist J_0, E_0 und φ_{so}, wenn $\varphi_b = 0$, $c = 50$ und $E_1 = 8000$ Volt ist?

Wir ersetzen die Kapazität der ganzen Leitung durch einen gleichwertigen Kondensator in der Mitte der Leitung.

Es ist

$$E_{12}' = J \cdot R = 40 \cdot \frac{14}{2} = 280 \text{ Volt,}$$

$$E_{12}'' = J \cdot 2\pi c L = 40 \cdot 2 \cdot 3{,}14 \cdot 50 \cdot 0{,}025 = 314 \text{ Volt,}$$

$$\operatorname{tg} \alpha = \frac{314}{280} = 1{,}12 \qquad \alpha = 48^0\ 15'.$$

Hieraus folgt für E_2

$$E_2 = \sqrt{(8000 + 280)^2 + (314)^2} = 8285 \text{ Volt.}$$

Der Ladestrom J_c des Kondensators wird

$$J_c = 2\pi c C E 10^{-6} = 2 \cdot 3{,}14 \cdot 50 \cdot 2{,}0 \cdot 8285 \cdot 10^{-6} = 5{,}21 \text{ Amp..}$$

somit

$$J_0 = \sqrt{40^2 + 5{,}21^2} = 40{,}32 \text{ Amp.,}$$

$$\operatorname{tg} \alpha_0 = \frac{5{,}21}{40} = 0{,}130,$$

$$\alpha_0 = 7^0\ 25',$$

$$\Delta E_{20} = \sqrt{(40,3 \cdot 7)^2 + (40,3 \cdot 2 \cdot 3,14 \cdot 50 \cdot 0,025)^2} = 424,$$

$$\Delta E_{20}' = 424 \cdot \cos(48^0\,15' + 7^0\,25') = 239 \text{ Volt},$$

$$\Delta E_{20}'' = 424 \sin(55^0\,40') = 340 \text{ Volt}.$$

$$E_0 = \sqrt{(8000 + 280 + 239)^2 + (314 + 340)^2} = 8485 \text{ Volt},$$

$$\operatorname{tg} \varepsilon_0 = \frac{654}{8519} = 0,0767,$$

$$\varepsilon_0 = 4^0\,33'.$$

und

$$\varphi_{so} = (4^0\,33') - (7^0\,25') = -(2^0\,52').$$

Der Strom J_0 eilt also der Spannung E_0 um $2^0\,52'$ voraus.

35. Allgemeiner Fall.

Kehren wir jetzt zu unserem Fall auf Seite 82 zurück, wo wir angenommen hatten, daß die Kapazität der Leitung durch eine möglichst große Zahl eingeschalteter Kondensatoren ersetzt war. Dann wird, wie man aus dem Diagramm auf Seite 83 ohne weiteres ersieht, der Strom in der Speiseleitung vom Ende bis zum Anfang stetig zunehmen und der Spannung E_1 immer mehr vorauseilen. Dementsprechend ändert sich auch die Spannung von A_1 bis A_0.

In Fig. 109 ist die Konstruktion von Fig. 108 für den Fall durchgeführt, daß der Nutzstrom J der Spannung E_1 um den $\sphericalangle \varphi_b$ nacheilt. Aus diesem Diagramm ersieht man deutlich, daß bei Phasenverschiebung des Nutzstromes der Strom in der Speiseleitung vom Ende aus gegen den Anfang hin abnimmt, zugleich verkleinert sich auch die Phasenverschiebung φ_s. Ist φ_s gleich Null geworden, so hat der Strom sein Minimum erreicht, und verschiebt er sich gegenüber der Spannung noch mehr, d. h. eilt er derselben voraus,

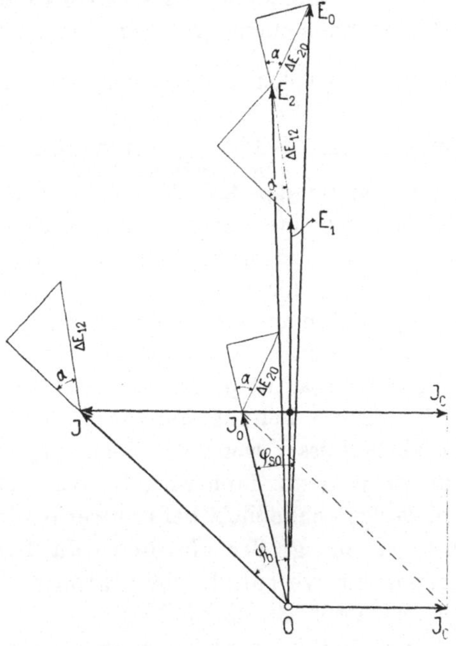

Fig. 109. Spannungsdiagramm einer Speiseleitung mit Selbstinduktion und Kapazität bei induktiver Belastung.

so wird der Strom wieder größer. Bei Nacheilung des Nutzstromes nimmt also der Strom in der Speiseleitung vom Ende bis zum Anfang stetig ab oder er sinkt auf ein Minimum und nimmt wieder zu, je nach der Phasenverschiebung φ_b und der Größe der Selbstinduktion und Kapazität der Leitung. Diese Veränderung des Stromes in der Leitung ist aber verhältnismäßig sehr klein, so daß es bei der Bestimmung des Spannungsabfalles in Speiseleitungen mit großer Kapazität genügt, die ganze Kapazität nur durch einen Kondensator zu ersetzen. Ist die Kapazität klein, wie z. B. bei Luftleitungen, so braucht ihr Einfluß auf den Spannungsabfall überhaupt nicht berücksichtigt zu werden.

Im Beispiel auf Seite 81 haben wir gesehen, daß der Ladestrom für Kabel von großer Länge und bei hoher Spannung erhebliche Werte annehmen kann. Bei induktionsfreier Belastung (siehe Fig. 108) hat dieser Ladestrom zur Folge, daß der Leiterstrom vom Ende bis zum Anfang der Speiseleitung stetig zunimmt. Diese Vergrößerung des Leiterstroms verursacht nicht nur eine Zunahme des Spannungsabfalls und des Wattverlustes in der Speiseleitung, sondern erfordert auch einen größeren Generator, da bekanntlich die Dimensionen eines solchen nicht von den abgegebenen $KW = \dfrac{J \cdot E}{1000} \cos \varphi$,

sondern von $KVA = \dfrac{J \cdot E}{1000}$ abhängt. Bei induktiver Belastung hat die Kapazität der Kabel einen günstigen Einfluß, indem die wattlose Komponente des Belastungsstromes durch den entgegengesetzt gerichteten Ladestrom teilweise aufgehoben wird. Dadurch verkleinert sich der Phasenverschiebungswinkel am Anfang der Speiseleitung und man wird deshalb mit einem kleineren Generator auskommen können als man ihn bei denselben Verhältnissen aber ohne Kapazität nötig hätte. Dies ist aber doch nur so lange der Fall, als die Leitung annähernd voll belastet ist. Anders werden die Verhältnisse, wenn die Belastung abnimmt und schließlich gleich Null wird; denn dann wird der wattlose Strom des Generators größer und steigt schließlich bei nullwerdender Belastung auf den Wert J_c. Dies ist ein großer Nachteil, da bei Leerlauf oder geringer Belastung ein verhältnismäßig großer Generator notwendig ist, um den wattlosen Strom zu liefern.

Bei induktionsfreier Belastung bleibt der Ladestrom für alle Belastungen konstant, der wattlose Strom des Generators behält somit denselben Wert von Vollast bis Leerlauf bei.

Mordey hat umfangreiche Untersuchungen[1]) über die Kapa-

---

[1]) Journal of the Institution of Electrical Engineers No. 149 (April 1901).

zität von Kabeln angestellt. Er konstatierte bei einem 9 km langen Kabel bei 2050 Volt Spannung und 100 Perioden einen Ladestrom von 6 Ampères oder 168 Watt Verlust pro km. Um diesen großen wattlosen Strom im Generator bei kleinen Belastungen zu reduzieren, schaltete Mordey zwischen die beiden Leiter des Kabels eine Drosselspule, die einen Strom von der Größe des Ladestromes durchließ. Bei dem oben erwähnten Kabel sank dann der Generatorstrom von 6 Amp. auf 1,62 Amp.

In den Wechselstromnetzen haben die wattlosen Ströme der Transformatoren und Motoren denselben Einfluß wie die von Mordey verwendete Drosselspule, indem sie den Ladestrom teilweise kompensieren. Da aber bei gut gebauten Transformatoren der wattlose Strom sehr klein ist, so vermag er in Netzen von großer Kapazität den Ladestrom nur teilweise aufzuheben. Um den Generatorstrom bei kleinen Belastungen auf ein Minimum herabzudrücken, würde es sich vielleicht empfehlen, in der Zentrale eine regulierbare Drosselspule zu verwenden, die für die verschiedenen Belastungen so eingestellt werden kann, daß die Summe der wattlosen Ströme der Transformatoren und der Drosselspule gleich dem Ladestrom des Kabels werden.

Diese Betrachtungen gelten auch für die Drehstromleitungen, nur mit dem Unterschied, daß die Konstruktionen und Berechnungen für einen Leiter und den in ihm fließenden Strom durchgeführt werden müssen.

36. Skineffekt oder die Vergrößerung des Widerstands durch Wechselströme.

Wie wir auf Seite 67 schon erwähnten, verteilt sich ein Wechselstrom nicht gleichmäßig über den ganzen Querschnitt eines Leiters. Fig. 110 stelle den Quer- und Längsschnitt eines Leiters dar. Im Innern desselben wird ein Feld von der Stärke

$$H = \frac{0{,}2\,i\cdot x}{\left(\dfrac{d}{2}\right)^2}$$ erzeugt, das

seine Stärke und Richtung mit dem Wechselstrome ändert. Dadurch werden im Innern des Leiters Wirbelströme induziert (s. Fig. 110),

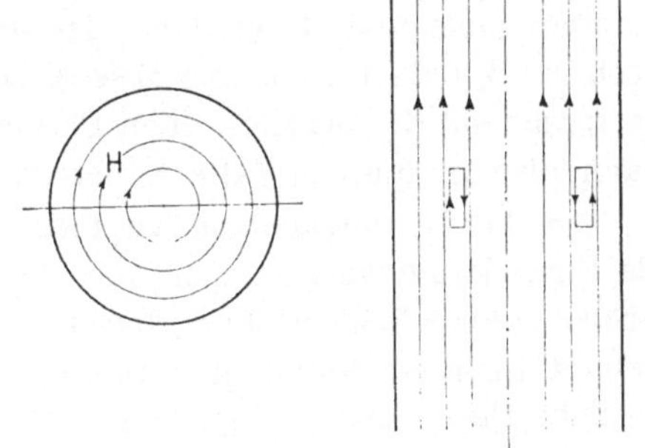

Fig. 110. Wirbelströme in Wechselstromleitungen (Skineffekt).

die den Wechselstrom, wie aus den eingezeichneten Pfeilen zu ersehen ist, gegen die Axe des Leiters zu schwächen und gegen
die Peripherie hin verstärken. Die Stromdichte in der Mitte des
Leiters ist somit ein Minimum und erreicht ihr Maximum dicht
unter der Oberfläche. Dieses Hinausdrängen des Stromes in die
äußeren Schichten ist um so stärker, je größer die Periodenzahl
und der Durchmesser ist, und dieses Phänomen bezeichnet man
als Skineffekt.

Ist R_g der Ohmsche Widerstand (bei Gleichstrom) und R_w der
Widerstand bei Wechselstrom, so wird

$$R_w = k \cdot R_g.$$

Lord Kelvin, der zuerst auf den Skineffekt aufmerksam machte,
hat nachgewiesen, daß k von der Periodenzahl c und vom Quadrat
des Durchmessers d abhängig ist. In der folgenden Tabelle,[1] die
von Hospitalier nach der Formel von Lord Kelvin berechnet
worden ist, sind die Werte von k als Funktion von $c\,d^2$ angegeben.

$c\,d^2$	k	$c\,d^2$	k
0	1,0000	1620	1,8628
20	1,0000	2000	2,0430
80	1,0001	2420	2,2190
180	1,0258	2880	2,3937
320	1,0805	5120	3,0956
500	1,1747	8000	3,7940
720	1,3180	18000	5,5732
980	1,4920	32000	7,3250
1280	1,6778		

Die Werte für k beziehen sich auf Leiter aus Kupfer. Besteht
der Leiter aus einem anderen, aber auch unmagnetischen Metalle,
so müssen die Werte für k in dieser Tabelle mit dem Verhältnis
des spezifischen Widerstandes des betreffenden Metalles zu dem des
Kupfers multipliziert werden. Ist das Material des Leiters magne-
tisch (z. B. bei Drähten aus Eisen), so werden die Werte von k sich
entsprechend der magnetischen Permeabilität ändern, der Widerstand
kann also in diesem Falle außerordentlich erhöht werden.

Da bei Leitungsnetzen Kupferdrähte von größerem Durchmesser
als 2 cm kaum vorkommen und die meistens verwendeten Wechsel-
ströme keine höhere Periodenzahl als 50 besitzen ($c\,d^2 \geqq 200$), so
kommt im allgemeinen der Skineffekt bei den Leitungsnetzen nicht
in Betracht. Erst bei großen Querschnitten und hoher Perioden-

---

[1] Siehe Ferraris, Seite 294.

zahl muß er berücksichtigt werden. Der Wattverlust einer solchen Leitung ändert sich dann dementsprechend und wird

$$W = J^2 \cdot R_w .$$

37. Der Spannungsabfall in Transformatoren.

Wie wir auf Seite 35 gesehen haben, wird bei Wechselstromanlagen mit Hochspannungsverteilungsnetzen dem Niederspannungsverteilungsnetz die Energie durch Transformatoren zugeführt. Die Klemmen der Niederspannungswicklung sind in diesem Falle die Speisepunkte des Niederspannungs-Verteilungsnetzes, die auf konstanter Spannung zu halten sind. Die gesamte Wicklung des Transformators sowohl primär wie auch sekundär gehört also noch zur Speiseleitung; mithin ist auch der dort auftretende Spannungsabfall als zur Speiseleitung gehörend zu betrachten. Von unserem Standpunkte aus können wir uns deshalb den Transformator durch einen Ohmschen Widerstand und eine Induktanz am Ende der Speiseleitung ersetzt denken. Im folgenden wollen wir daher kurz den Spannungsabfall[1]) im Transformator bestimmen.

Es bezeichne der Index 1 stets die Hochspannungs- oder Primärseite, der Index 2 die Niederspannungs- oder Sekundärseite.

Ferner sei

w die Zahl der in Serie geschalteten Windungen,
J der Strom,
E die Spannung,
R der Ohmsche Widerstand,
X die Reaktanz,

$$\frac{w_1}{w_2} = n ,$$

n ist also das Übersetzungsverhältnis des Transformators. Um nun den Spannungsabfall im Transformator zu bestimmen, müssen wir den Widerstand und die Reaktanz der Niederspannungswicklung auf die Hochspannungswicklung reduzieren.

Bezeichnen wir mit

R_2' den reduzierten Widerstand,
X_2' die reduzierte Reaktanz,

---

[1]) Siehe ETZ 1901 Seite 821, Graphische und experimentelle Bestimmung des Spannungsabfalles in Transformatoren v. O. S. Bragstad, Karlsruhe.

so ist

$$R_2' = n^2 \cdot R_2,$$
$$X_2' = n^2 \cdot X_2.$$

Für die Berechnung können wir die Leerlaufskomponente des Transformators vernachlässigen, somit wird

$$J_1 = \frac{1}{n} J_2.$$

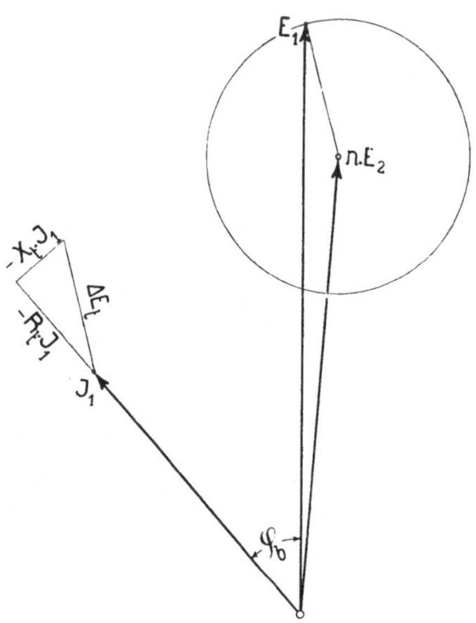

Fig. 111. Spannungsdiagramm des Transformators.

Der Widerstand des Transformators

$$R_t = R_1 + R_2' = R_1 + n^2 R_2$$

und die Reaktanz

$$X_t = X_1 + X_2' = X_1 + n^2 X_2.$$

Der durch den Transformator verursachte Spannungsabfall $\varDelta E_t$ ist

$$\varDelta E_t = \sqrt{(-J_1 R_t)^2 + (-J_1 X_t)^2}.$$

Um die erforderliche Klemmenspannung E_1 zu finden, reduzieren wir E_2 auf die Primärspannung. Die Resultierende aus $E_2 \cdot n$ und $\varDelta E_t$ ergibt dann die gesuchte Spannung.

Fünftes Kapitel.

Berechnung der Leitungen auf Erwärmung.

38. Erwärmung der Leitungen. — 39. Zulässige Temperaturerhöhungen. —
40. Erwärmung der Kabel.

38. Erwärmung der Leitungen.

Wie schon erwähnt wurde, ist die Bedingung, daß in einer
Leitung selbst bei doppelter Belastung die zulässige Erwärmungsgrenze nicht überschritten werden darf, für die Berechnung aller
Leitungen maßgebend. Und, obgleich die Leitungen zuerst nur
auf Spannungsabfall und Wirtschaftlichkeit berechnet werden, so
muß man sich doch unter allen Umständen durch eine über-
schlägige Rechnung davon überzeugen, daß obige Forderung erfüllt ist. Die Berechnung auf Wirtschaftlichkeit und Spannungsabfall resp. die durch sie bestimmten Querschnitte sind also
dementsprechend zu korrigieren, sobald die Nachrechnung auf Erwärmung eine unzulässige Temperaturerhöhung ergibt. Bei der
Berechnung auf Wirtschaftlichkeit wird, wie wir später sehen werden,
dieser Fall kaum vorkommen, da die wirtschaftlichen Stromdichten
meistens ziemlich weit unter den in Bezug auf Erwärmung gefähr-
lichen liegen; bei der Berechnung auf Spannungsabfall ist dies jedoch wohl möglich. Hier kann man, besonders bei kurzen Verteilungsleitungen, zu unzulässigen Querschnitten kommen. In einem
solchen Fall hat man dann also den nächst höheren noch zulässigen
Querschnitt zu wählen.

Die Temperaturerhöhung τ eines Leiters ist abhängig von der
durch den Strom im Leiter verursachten Wärmeentwickelung W,
und von einer Konstanten K des Stromkreises.

Die Wärmeentwicklung ist dem Wattverlust proportional

$$W = J^2 \cdot R.$$

Also

$$\tau = K \cdot J^2 R.$$

Die Temperaturerhöhung τ wird aber erst einen konstanten
Wert annehmen, wenn die im Leiter entwickelte Wärmemenge gleich

der nach außen wieder abgegeben ist, und unter der Temperaturerhöhung eines Leiters versteht man daher die Differenz zwischen diesem End- und Anfangswert. Bei Luftleitungen wird dieser Endwert schon nach kurzer Zeit erreicht sein, bei Kabeln dagegen erst nach mehreren Stunden.

Wie man aus der Formel für τ ersieht, ist, wenn K und J konstanten Wert haben, τ nur von R, resp., da l und ϱ bei einer gegebenen Leitung auch konstant sind, nur vom Querschnitt des Leiters abhängig. Zu jedem Strom J gehört also ein ganz bestimmter zulässiger Querschnitt.

39. Zulässige Temperaturerhöhung.

Als höchst zulässige Temperaturerhöhung hat der Verband deutscher Elektrotechniker auf grund der von Kennelly angestellten Untersuchungen für die doppelte maximale Belastung eine solche von 40^0 festgelegt. Da τ mit dem Quadrat der Stromstärke variiert, so entspricht dies einer Temperaturerhöhung von 10^0 bei maximaler Belastung. Die umfangreichen experimentellen Untersuchungen von Kennelly über den Zusammenhang zwischen der Stromstärke eines Leiters und seinem kleinsten noch zulässigen Durchmesser haben die Beziehung ergeben, daß der Durchmesser

$$d = 0,374 \cdot J^{\frac{2}{3}}.$$

Diese Formel ist der nachfolgenden Tabelle zu grunde gelegt.

Tabelle aus den Verbandsvorschriften.

Durchmesser in mm	Querschnitt in mm	Betriebsstrom in Amp.	Stromdichte	Durchmesser in mm	Querschnitt in mm	Betriebsstrom in Amp.	Stromdichte
0,97	0,75	3	4,00	—	95,00	165	1,74
1,13	1,0	4	4,00	—	120,00	200	1,67
1,38	1,5	6	4,00	—	150,00	225	1,57
1,8	2,5	10	4,00	—	185,00	275	1,49
2,25	4,00	15	3,75	—	240,00	330	1,38
2,76	6,00	20	3,33	—	310,00	400	1,29
3,57	10,00	30	3,00	—	400,00	500	1,25
4,5	16,00	40	2,5	—	500,00	600	1,20
5,65	25,00	60	2,4	—	685,00	700	1,12
6,68	35,00	80	2,29	—	800,00	850	1,06
8,00	50,00	100	2,00	—	1000,00	1000	1,—
9,4	70.00	130	1,86				

Wie man aus der Formel ersieht, wächst mit dem Quadrat der Stromstärke der Durchmesser schon in der dritten Potenz; je größer also der Durchmesser, desto geringer die zulässige Stromdichte.

40. Erwärmung der Kabel.

Die vorstehende vom Verband aufgestellte Tabelle gilt sowohl für Luftleitungen als auch für in Erde verlegte Kabel, obwohl wie Herzog und Feldmann u. a.[1]) nachgewiesen haben, für letztere die Kennellysche Formel und die bei ihr gemachten Annahmen keine Gültigkeit mehr haben, da die Abkühlung hier unter anderen physikalischen Erscheinungen und unter wesentlich anderen Verhältnissen erfolgt als bei Luftleitungen. Während bei diesen die Wärme hauptsächlich durch Strahlung abgeführt wird, findet bei Kabeln die Wärmeentziehung fast nur durch Ableitung statt. Und da die Wärmeleitung der Erde viel größer als die der Luft ist, so dauert es bei in Erde verlegten Kabeln viel länger, bis die Temperaturerhöhung ihren stationären Zustand erreicht hat.

Nach den unten zitierten Untersuchungen ist für in Erde verlegte Kabel

$$d = \left(\frac{1}{16} \text{ bis } \frac{1}{20}\right) J \quad \ldots \ldots \quad (17)$$

wenn d der Kabeldurchmesser des inneren Leiters ist und die Temperaturerhöhung für maximale Belastung 10^0 beträgt.

Die Formel beweist, wie irrig es ist, wenn man, wie dies von den meisten Kabelfabriken heute noch geschieht, allgemein 2 Amp. Stromdichte pro mm^2 annimmt. Auch ein Vergleich der Formel von Herzog und Feldmann mit der von Kennelly aufgestellten zeigt, daß man bei in Erde verlegten Kabeln für die kleineren Querschnitte bedeutend höhere Stromdichten annehmen dürfte als nach der vom Verband aufgestellten Tabelle zulässig ist.

Über den Verlauf der Temperaturerhöhung bei konzentrischen Kabeln haben Herzog und Feldmann Versuche angestellt und Kurven aufgenommen, von denen einige in Fig. 112 wiedergegeben sind. Dieselben beziehen sich auf ein Kabel von $2 \times 220\ mm^2$ Querschnitt, das für eine Betriebsspannung von 2000 Volt verwendet werden sollte. Die Isolation betrug 5 mm unter dem Innen- und 3,5 mm über dem Außenleiter. Über der Isolation des Innenleiters befand sich ein Bleimantel, über der des Außenmantels deren zwei, darüber kam eine Compoundschicht, ein doppelter Eisenmantel und eine Schicht geteerten Gespinstes. Die Angaben der Stromdichte befinden sich unter den Kurven. Da die Wärmeableitung für die beiden Leiter ungleich ist, so erhält man natürlich doppelte Kurven, und zwar gelten für den inneren Leiter die

---

[1]) Herzog und Feldmann, ETZ 1900, S. 783; vergleiche auch Wilkens ETZ. 1900, S. 413 und Dr. Abt, ebenda, S. 613.

höheren Werte. Bei den Kurven ist außerdem noch das Ausschalten des Stromes resp. der Beginn der Abkühlung mit vermerkt.

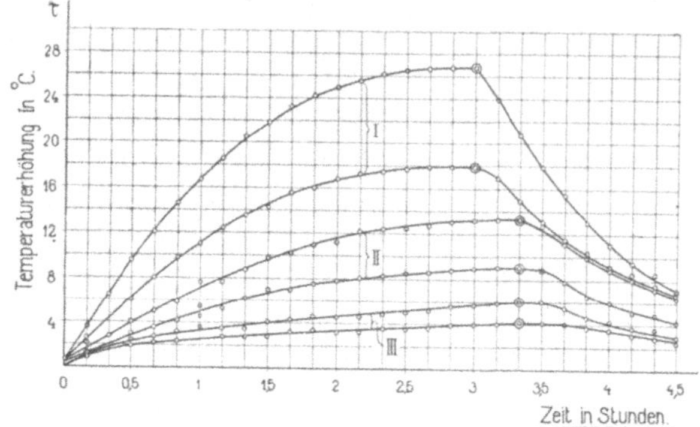

Fig. 112. Temperaturerhöhung eines in die Erde verlegten konzentrischen Kabels bei verschiedenen Stromdichten.

Kurve I $s = 2,27$ Amp/mm²   Kurve II $s = 1,59$ Amp/mm²

Kurve III $s = 1,0$ Amp/mm².

⊚ Ausschaltung des Stromes, Beginn der Abkühlung.

Maßgebend für die Berechnung von Kabeln ist, wie gesagt, die Tabelle des Verbandes Deutscher Elektrotechniker. Aus den Kurven ersieht man aber sehr gut, daß die zulässige Stromdichte nicht nur von der maximalen Stromstärke, sondern vor allen Dingen von der Dauer der maximalen Beanspruchung abhängig sein sollte.

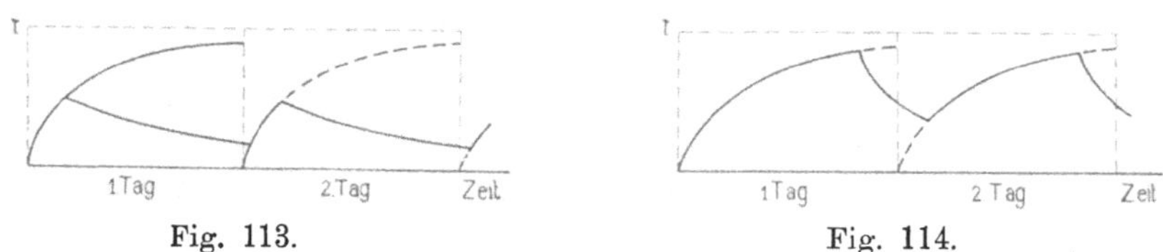

Fig. 113.   Fig. 114.

In Fig. 113 und 114 sind die Temperaturerhöhungskurven eines Kabels[1]) schematisch nochmals aufgezeichnet, und zwar bei Fig. 113 für den Fall, daß man es mit einem Lichtkabel zu tun hat, das nur 1—2 Stunden pro Tag maximal belastet ist, und bei Fig. 114 für den Fall, daß das Kabel die Zentrale mit einer Akkumulatoren-Unterstation verbindet und 20 Stunden pro Tag maximal belastet ist. Man ersieht daraus, daß man ein Lichtkabel für kurze Zeit ruhig stark überlasten könnte, ohne daß eine für die Isolierung gefährliche Temperaturerhöhung erreicht würde.

---

[1]) Vergleiche den erwähnten Artikel von Herzog und Feldmann.

Sechstes Kapitel.

Berechnung der Leitungen auf Spannungsabfall.

41. Allgemeines.

Bei der Berechnung des Spannungsabfalls für Niederspannungs-Verteilungsleitungen hatten wir angenommen, daß derselbe nicht mehr als $2\,^0/_0$ betragen darf. Und zwar waren die $2\,^0/_0$ bestimmt durch die Intensitätsschwankungen des Lichtes, die bei größeren Stromschwankungen für das Auge beim Lesen störend sind. Aus dieser Begründung ersieht man, daß man natürlich dort, wo es sich nicht um eine Beleuchtung zum Lesen handelt, wie z. B. bei der Beleuchtung eines Bahnhofes oder einer Hafenanlage zu höheren Werten kommen darf. Bei der letzteren Beleuchtungsart handelt es sich ja weniger um das Wie, als vielmehr darum, daß der Platz überhaupt beleuchtet ist.

Bei unseren Berechnungen machten wir ferner die Voraus-setzung, daß das ganze Netz maximal belastet ist und daß beispielsweise für eine einzige Glühlampe, wenn die ganze andere Belastung plötzlich ausgeschaltet wird, die Stromschwankung nicht mehr als $2\,^0/_0$ betragen soll. Diese Annahme ist aber offenbar zu ungünstig, und ein solcher Fall wird so gut wie nie vorkommen. Bei großen Festsälen, wo er möglich wäre, vermeidet man ihn, indem man nicht die ganze Beleuchtung auf einmal, sondern durch mehrere Ausschalter all-mählich ausschaltet. Aus dem Gesagten ersieht man, daß man sich nicht zu ängstlich an die $2\,^0/_0$ zu halten braucht, sondern

daß man unter Umständen sehr wohl einen größeren Spannungsverlust zulassen darf.

Ein anderer Punkt, der Beachtung verdient und der gegen
eine Erhöhung des Spannungsabfalls spricht, ist die schnelle Abnahme der Leuchtkraft mit der Klemmenspannung. In Fig. 115
ist die Abhängigkeit der Leuchtkraft von der Klemmenspannung in
einer Kurve dargestellt.

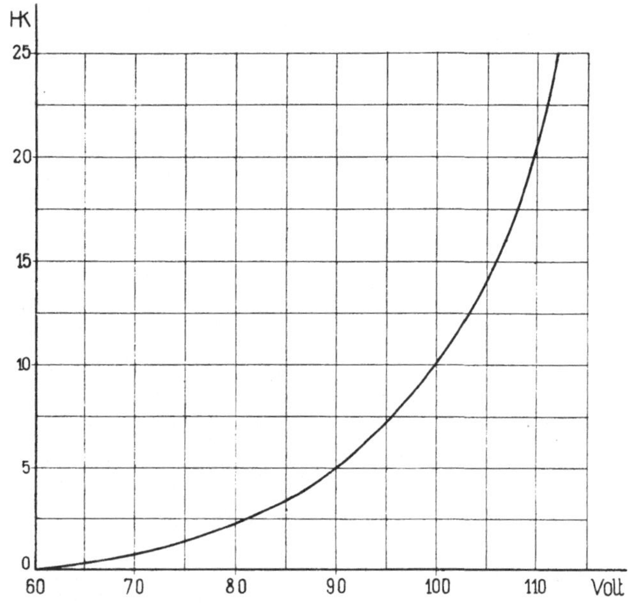

Fig. 115. Leuchtkraft einer Glühlampe in Abhängigkeit von der Spannung.

Da die Leuchtkraft, wie man aus der Kurve ersieht, prozentual
ungleich schneller abnimmt als die Klemmenspannung, so bedeutet
eine Erhöhung des Spannungsabfalls eine Verschlechterung des
Wirkungsgrades der Lampe und ein sehr schlechtes Licht, aus diesem
Grunde wird man einen großen Spannungsabfall vermeiden.

Bezüglich des Spannungsabfalls im Hochspannungsverteilungs-
netz hatten wir auf Seite 36 schon gesagt, weshalb man als
Maximum nicht mehr als bis $^1/_2 \, ^0/_0$ zuläßt.

Für die Berechnung des Querschnittes auf Spannungsabfall
kommen, wie wir sahen, lediglich die Verteilungsleitungen in Betracht.

Die Speiseleitungen gehören dagegen hier nicht her, da für
sie nicht der Spannungsabfall, sondern der prozentuale Wattverlust
und die Wirtschaftlichkeit maßgebend sind.

Die vorbereitenden Schritte zur Berechnung der Querschnitte auf Spannungsabfall haben wir mit der Ermittelung der Stromverteilung gemacht, indem wir dadurch die Punkte für den größten Spannungsabfall fanden. Die Ermittelung der Stromverteilung eines Leitungsnetzes reduzierte sich, wie wir gesehen haben, auf die Berechnung der Stromverteilung in seinen einzelnen Bezirken, und der größte Spannungsabfall trat dort auf, wo der Strom dem Nutzwiderstande von zwei Seiten aus zufloß, resp., wenn der Bezirk aus einer offenen Leitung bestand, am Ende des Leitungsstranges.

Damit im Netz der zulässige Spannungsabfall nicht überschritten wird, bestimmt man den maximalen und verändert den Einheitsquerschnitt derart, daß der maximale Spannungsabfall kleiner oder höchstens gleich dem zulässigen wird. Mit Hilfe der schon bekannten Verhältniszahlen sind dann die n o t w e n d i g e n Querschnitte zu ermitteln.

Im folgenden sei die Berechnung der Querschnitte für die einzelnen Systeme kurz angegeben, und, wie wir später sehen werden, auf eine allgemein giltige Formel mit einer Konstanten für das jeweilige System zurückgeführt.

42. Spannungsabfall im Einphasennetz.[1])

Der Spannungsabfall für Einphasennetze war (Seite 7)

$$\varDelta E = 2\, \varSigma J \cdot R = \varSigma J \cdot \frac{l \cdot 2\, \varrho}{q},$$

wo J die wahren Leitungsströme, R die zugehörigen Widerstände und l die den Widerständen R entsprechenden Längen bedeuten.

Da wir das ganze Leitungsnetz zur Berechnung der Stromverteilung auf einen Einheitsquerschnitt reduziert haben, so ist

$$\varDelta E = \frac{2\, \varrho}{q}\, \varSigma J \cdot l.$$

Ist also für ein Leitungsnetz der zulässige maximale Spannungsabfall $(\varDelta E_z)$ gegeben, so folgt für den notwendigen Einheitsquerschnitt

$$q = \frac{2\, \varrho}{\varDelta E_z}\, \varSigma J \cdot l.$$

---

[1]) Siehe die Fußnote auf Seite 50.

Wird $\varrho = 0,0175$ und $\varDelta E_z = 0,02\,E$ angenommen, wo E die Lampenspannung bedeutet, so erhält man

$$q = \frac{2 \cdot 0,0175}{0,02\,E}\,\varSigma J L = \frac{1,75}{E}\,\varSigma J l \quad . \ . \quad (18)$$

43. Spannungsabfall im Dreileiternetz.

Auf Seite 46 haben wir gesehen, daß bei ungleichmäßiger Belastung der beiden Netzhälften der maximale Spannungsabfall durch den Ausgleichstrom im Mittelleiter vergrößert werden kann. In der Praxis ist es natürlich nicht möglich, eine vollkommen gleichmäßige Belastung der beiden Hälften zu erzielen, aber immerhin kann man die Ungleichmäßigkeit auf ein Minimum reduzieren, indem man die Belastungswiderstände ihrem Charakter nach sorgfältig auf beide Netzhälften verteilt. Den Querschnitt der Außenleiter und des Nullleiters findet man dann, wenn man annimmt, daß die Belastungen auf beide Netzhälften gleichmäßig verteilt sind und daß die eine Hälfte voll und die andere nur mit $(100 - m)\,^0/_0$ belastet ist. Dann wird der Strom J_0 im Nullleiter $m\,^0/_0$ des Stromes im Außenleiter betragen. Ist q der Querschnitt eines Außenleiters und $q_m = \dfrac{q}{x}$ der des Mittelleiters, so muß die Bedingung erfüllt sein

$$\varDelta E = \frac{\varrho}{q}\,\varSigma\,\frac{Jl}{2} + \frac{\varrho \cdot x}{q} \cdot \frac{m}{100}\,\varSigma\,\frac{Jl}{2}$$

$$= \frac{\varrho}{2 \cdot q}\,\varSigma\,J l\,[1 + 0,01\,m\,x] = \varDelta E_z.$$

In dieser Gleichung bedeuten J die Leiterströme, die fließen würden, wenn alle Belastungen an ein Einphasennetz angeschlossen wären. Der Querschnitt q wird somit

$$q = \frac{\varrho}{2\,\varDelta E_z}\,\varSigma J l\,(1 + 0,1\,m\,x)$$

und für $\varrho = 0,0175$ und $\varDelta E_z = 0,02\,E$ wird

$$q = \frac{0,438}{E}\,\varSigma\,J \cdot l\,(1 + 0,01\,m\,x) \ . \quad . \ . \quad (19)$$

$$q_m = \frac{q}{x}\,.$$

Über die Bedeutung der Größen m und x sei auf Seite 101 verwiesen.

44. Spannungsabfall einer Drehstromleitung mit Dreieckschaltung.

Bei der Dreieckschaltung (Seite 58) trat der größte Spannungsverlust aller drei Phasen ein, wenn dieselben maximal belastet waren, und beim Sinken der Belastung einer Phase nahm der Spannungsabfall aller drei Phasen ab. Bei der Berechnung von q dürfen wir somit annehmen, daß die Nutzwiderstände auf alle drei Phasen gleichmäßig verteilt und daß dieselben maximal belastet sind. Für diesen Fall ist der Spannungsabfall pro Phase (siehe Seite 51)

$$\varDelta E_p = 3 \frac{\varrho}{q} \, \Sigma \, \frac{Jl}{3} = 0{,}02 \, E_p$$

und

$$q = \frac{3 \varrho}{0{,}02 \, E_p} \cdot \Sigma \, \frac{Jl}{3} = \frac{0{,}875}{E_p} \cdot \Sigma J l \, . \quad . \quad (20)$$

45. Spannungsabfall einer Drehstromleitung mit Sternschaltung und Mittelleiter.

Im Gegensatz zur Dreieckschaltung nahm bei Sternschaltung der Spannungsabfall zu, sobald eine oder zwei Phasen entlastet wurden, und zwar nahm er rascher zu, wenn der Belastungsstrom zweier Phasen zugleich abnahm. Der maximale Spannungsabfall trat dann in der noch vollbelasteten Phase auf. Wenn die Belastung der zwei Phasen sich um $m\,^0/_0$ der maximalen Belastung vermindert, so ist der im Mittelleiter fließende Strom J_0

$$J_0 = \frac{m}{100} \cdot J_p \, .$$

Ist q der Querschnitt eines Außenleiters, $q_m = \dfrac{q}{x}$ der des Mittelleiters, so wird der Spannungsabfall der noch vollbelasteten Phase

$$\varDelta E = \frac{\varrho}{q} \, \Sigma \, \frac{Jl}{3} + \frac{\varrho \cdot x}{q} \cdot \frac{m}{100} \, \Sigma \, \frac{Jl}{3}$$

$$= \frac{\varrho}{q} \cdot \frac{\Sigma J l}{3} \, (1 + 0{,}01 \, m x) = 0{,}02 \, E_p$$

und somit erhält man für q

$$q = \frac{\varrho}{0{,}02 \, E_p} \, \frac{\Sigma J l}{3} \, (1 + 0{,}01 \, m x)$$

$$= \frac{0{,}292}{E_p} \, \Sigma J l \, (1 + 0{,}01 \, m x) \quad . \quad . \quad . \quad (21)$$

46. Bestimmung des Mittelleiterquerschnittes bei Dreileiter- und Drehstromsystem.

Der Gesamtquerschnitt Q_3 für das Dreileitersystem ist

$$Q_3 = 2\,q + \frac{q}{x}$$

und für das Drehstromsystem mit Sternschaltung und Mittelleiter

$$Q_\lambda = 3\,q + \frac{q}{x}.$$

Untersuchen wir im folgenden, welche Werte von x am günstigsten sind, und wovon x direkt abhängt, und zwar wollen wir die Untersuchung nur für ein System, für die Sternschaltung, durchführen. Für das Dreileitersystem ist sie ganz analog.

Für Sternschaltung mit Mittelleiter ist

$$q = \frac{0{,}292}{E_p}\,\Sigma J l\,(1 + 0{,}01\,m\,x),$$

Wird $m = 0$, d. h. sind alle drei Phasen gleich belastet, so ist

$$q = \frac{0{,}292}{E_p}\,\Sigma J l = q_0.$$

Diesen Wert in die Formel für Q_λ eingesetzt, gibt

$$Q_\lambda = q_0\,(1 + 0{,}01\,m\,x)\left(3 + \frac{1}{x}\right)$$

$$= 3\,q_0 + 0{,}03\,q_0\,m\cdot x + \frac{q_0}{x} + 0{,}01\,q_0\cdot m. \quad (22)$$

Um zu untersuchen, für welchen Wert von m der Gesamtquerschnitt Q_λ ein Minimum wird, differenzieren wir die Gleichung für Q_λ nach x und setzen $\dfrac{d\,Q_\lambda}{d\,x} = 0$. Dann wird derjenige Wert von x, der in die rechte Seite von $\dfrac{d^2\,Q_\lambda}{d\,x^2}$ eingesetzt einen positiven Wert von Q_λ ergibt, der gesuchte sein. Also

$$\frac{d\,Q}{d\,x} = -\frac{q_0}{x^2} + 0{,}03\,q_0\,m = 0,$$

$$x = \pm\frac{1}{\sqrt{0{,}03\,m}} = \pm\frac{10}{\sqrt{3\,m}}$$

$$\frac{d^2\,Q}{d\,x^2} = +\frac{2\,q_0}{x^3}.$$

Somit wird Q_λ für den Wert

$$x = + \frac{10}{\sqrt{3\,m}} \quad . \quad . \quad . \quad . \quad . \quad (23)$$

ein Minimum.

In analoger Weise erhält man für das Dreileitersystem

$$x = + \frac{10}{\sqrt{2\,m}} \quad . \quad . \quad . \quad . \quad . \quad (24)$$

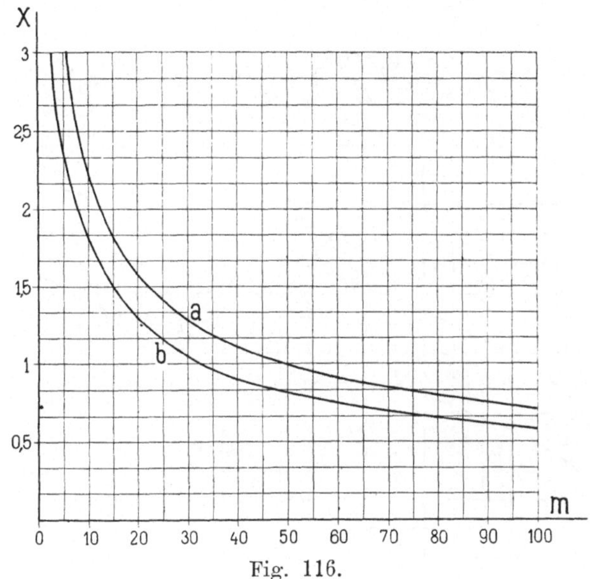

Fig. 116.

$$x = \frac{\text{Mittelleiterquerschnitt}}{\text{Außenleiterquerschnitt}}.$$

$m = {}^0/_0$ Belastungsverschiedenheit der Phasen.

Kurve a für Dreileitersystem. Kurve b für Drehstromsystem.

In Fig. 116 ist x in Abhängigkeit von m für die beiden Systeme dargestellt. Setzt man den für x gefundenen Wert in die Gleichungen von Q ein, so bekommt man die kleinsten Gesamtquerschnitte in Abhängigkeit von m

$$Q_\lambda = q_0 \left(1 + 0{,}01 \cdot \frac{10}{\sqrt{3\,m}} \cdot m \right) \left(3 + \frac{\sqrt{3\,m}}{10} \right)$$

$$= q_0 \cdot \frac{1}{3} \left(3 + \frac{0{,}1 \cdot 3\,m}{\sqrt{3\,m}} \right) (3 + 0{,}1\,\sqrt{3\,m}),$$

$$Q_\lambda = q_0 \frac{(3 + 0{,}1\,\sqrt{3m})^2}{3} \quad . \quad , \quad . \quad . \quad . \quad . \quad (25)$$

und da $q_0 = \dfrac{0,292}{E_p} \varSigma J \cdot l$, so ist

so ist

$$Q_\lambda = \frac{0,0973}{E_p} \varSigma J \cdot l \,[3 + 0,1 \sqrt{3\,m}]^2.$$

In analoger Weise wird beim Dreileitersystem

$$\boldsymbol{Q_3 = q_0 \left(\frac{2 + 0,1\sqrt{2\,m}}{2}\right)^2} \quad \ldots \ldots \quad (26)$$

$$= \frac{0,219}{E} \varSigma J \cdot l \,[2 + 0,1\sqrt{2\,m}]^2.$$

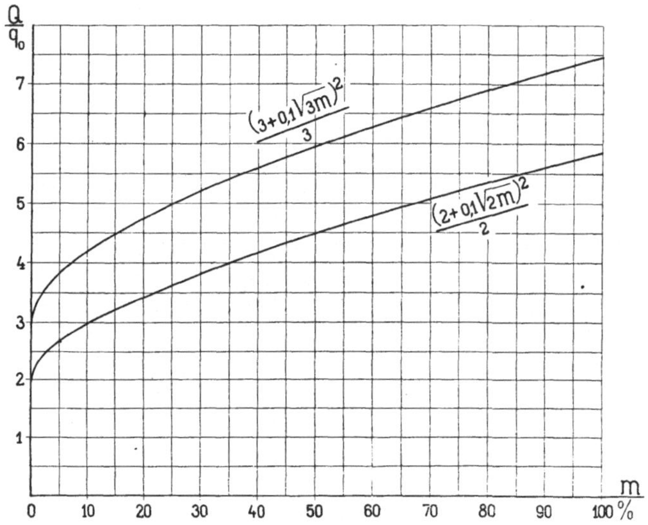

Fig. 117. Zunahme des Kupferverbrauchs bei ungleicher Belastung der Phasen unter Annahme gleichen Spannungsabfalls.

Fig. 117 zeigt den Verlauf von Q_λ und Q_3 in Abhängigkeit von m. Da die Längen der Leitungen konstant sind, so geben uns die Werte von Q auch ein Maß für den kleinsten Kupferverbrauch.

47. Allgemeine Berechnung der Leitungen für die verschiedenen Systeme.

Kehren wir zu unseren Formeln auf Seite 101 zurück und setzen wir den gefundenen Wert für x in die Gleichungen ein, so erhalten wir als günstigste Querschnitte der Außen- und Mittelleiter, für das Drehstromsystem bei Sternschaltung mit Mittelleiter

$$q = \frac{0{,}0973}{E_p}\, \Sigma\, J \cdot l\, [3 + 0{,}1 \cdot \sqrt{3\,m}]$$

und
$$q_m = 0{,}1\, \sqrt{3\,m} \cdot q$$

und für das Dreileitersystem

$$q = \frac{0{,}219}{E}\, \Sigma\, J \cdot l\, [2 + 0{,}1\, \sqrt{2\,m}]$$

und
$$q_m = 0{,}1\, \sqrt{2\,m}\, q.$$

Für die praktische Berechnung solcher Leitungsnetze kann man annehmen, daß bei guter Verteilung der gleichartigen Belastungen auf die einzelnen Phasen bezw. auf die beiden Hälften ein Belastungsunterschied von $m = 15\,^0/_0$ nicht überschritten wird. Unter dieser Annahme, also für $m = 15\,^0/_0$, wird für das Drehstromsystem bei Sternschaltung

$$q = \frac{0{,}0973}{E_p}\, \Sigma\, J \cdot l\, [3 + 0{,}67]$$

$$= \frac{0{,}357}{E_p}\, \Sigma\, J \cdot l$$

und

$$q_m = 0{,}67\, q \sim \frac{2}{3}\, q\,,$$

für das Dreileitersystem

$$q = \frac{0{,}219}{E}\, \Sigma\, J \cdot l\, [2 + 0{,}55]$$

$$= \frac{0{,}560}{E}\, \Sigma\, J \cdot l$$

und

$$q_m = 0{,}55\, q \sim 0{,}5\, q.$$

Vergleichen wir jetzt die Endformeln für die verschiedenen Systeme, so ersehen wir, daß sie sich alle auf die allgemeine Form

$$q = \frac{C}{E}\, \Sigma\, J \cdot l \quad \ldots \ldots \quad (27)$$

bringen lassen. Hierin bedeutet E die Lampenspannung, C einen konstanten Faktor, dessen Wert vom System und vom zulässigen Spannungsabfall abhängt. Unter J sind, wie schon erwähnt, diejenigen Leiterströme in Amp. zu verstehen, die fließen würden, wenn alle Belastungen an ein Einphasennetz angeschlossen wären.

Aus der letzten Formel können wir die wichtige Schlußfolgerung ziehen, daß man die Berechnung der Netze aller Systeme, bis auf die schließliche Ermittelung der Querschnitte, stets auf die Berechnung eines Einphasennetzes zurückführen kann. Man denkt sich also bei Dreileiter- und Mehrphasennetzen alle Belastungen an ein Einphasennetz angeschlossen, ermittelt, wie bekannt, die Stromverteilung und für die Punkte, die den größten Spannungsabfällen entsprechen, die Größe $\Sigma J \cdot l$. Durch Multiplikation dieses Wertes mit der Systemkonstanten C und Division durch die Lampenspannung E findet man dann den Querschnitt eines Außenleiters und daraus nach den angegebenen Formeln den Querschnitt des Mittelleiters.

Bedeutet J den Strom in Lampen, wie das meistens der Fall sein wird, so muß man natürlich $\Sigma J l$ noch mit dem Lampenstrom multiplizieren.

Nehmen wir für die Lampenspannung E den oft vorkommenden Wert von 110 Volt an, so wird
beim Einphasensystem

$$q = 1,59 \cdot 10^{-2} \cdot \Sigma J l \; \mathrm{mm}^2,$$

beim Dreileitersystem

$$q = 0,51 \cdot 10^{-2} \, \Sigma J l \; \mathrm{mm}^2,$$

$$q_m = 0,55 \, q \; \mathrm{mm}^2,$$

beim Drehstromsystem

a) Dreieckschaltung

$$q = 0,795 \cdot 10^{-2} \cdot \Sigma J l \; \mathrm{mm}^2$$

b) Sternschaltung mit Mittelleiter

$$q = 0,325 \cdot 10^{-2} \cdot \Sigma J l \; \mathrm{mm}^2,$$

$$q_m = 0,67 \, q \; \mathrm{mm}^2.$$

Beispiel. Auf S. 20 u. f. ist die Berechnung der Stromverteilung eines Einphasennetzes bei gegebenen Leiterquerschnitten durchgeführt worden. Denken wir uns, wir hätten diese Querschnitte nur vorläufig so angenommen, damit wir die Stromverteilung bestimmen können, aus welcher dann nachher die wirklichen Querschnitte berechnet werden sollen. Um diese letzteren zu erhalten, müssen wir zuerst den Punkt des größten Spannungsabfalls aufsuchen, der offenbar rechts vom Knotenpunkt b bei der Abnahmestelle 50 liegt. Wir ermitteln deshalb für diesen Punkt das Produkt $\Sigma J \cdot l$, das wir am einfachsten erhalten, wenn wir vom Speisepunkt S_2 ausgehen; und zwar muß dieses Produkt, da in der Fig. 42 die Ströme J in Lampen eingetragen sind, noch mit dem Strom pro Lampe j_e multipliziert werden. Legt man dem Netz eine Lampenspannung von 110 Volt zu Grunde, so ist $j_e = 0{,}5$ Amp. und es wird

$$\Sigma Jl = 0{,}5\,(262 \cdot 30 + 52 \cdot 50 + 44 \cdot 35) = 7310.$$

Für die verschiedenen Systeme ergeben sich dann folgende Querschnitte:

1. Einphasensystem

$$q = 1{,}59 \cdot 10^{-2} \cdot 7310 = 116 \ \text{mm}^2.$$

2. Dreileitersystem

$$q = 0{,}51 \cdot 10^{-2} \cdot 7310 = 37{,}2 \ \text{mm}^2,$$

$$q_m = 0{,}55 \cdot 9 = 20{,}5 \ \text{mm}^2.$$

3. Dreiphasensystem

a) Dreieckschaltung

$$q = 0{,}795 \cdot 10^{-2} \cdot 7310 = 57 \ \text{mm}^2.$$

b) Sternschaltung mit Mittelleiter.

$$q = 0{,}325 \cdot 10^{-2} \cdot 7310 = 23{,}7 \ \text{mm}^2,$$

$$q_m = 0{,}67 \cdot q = 15{,}9 \ \text{mm}^2.$$

48. Berechnung der Querschnitte für das Hochspannungsnetz auf Spannungsabfall.

Wie schon auf Seite 35 erwähnt wurde, hat man bei größeren Wechselstromanlagen außer dem Niederspannungs-Verteilungsnetz noch ein Hochspannungs-Verteilungsnetz. Die Berechnung des letzteren geschieht in gleicher Weise wie beim Niederspannungsnetz, nur mit dem Unterschied, daß statt $2^0/_0$ nur $^1/_2\,^0/_0$ Spannungsabfall zugelassen wird. Somit erhält man
für Einphasensystem

$$q = \frac{2 \cdot 0{,}0175}{0{,}005\,E_1}\,\Sigma J_1 \cdot l$$

$$= \frac{7{,}0}{E_1} \cdot \Sigma J_1 \cdot l,$$

wo E_1 die Primärspannung und J_1 die primären Leiterströme bedeuten,

für Drehstromsystem bei Dreieckschaltung

$$q = \frac{3 \cdot 0{,}0175}{0{,}005\, E_{1p}} \, \varSigma \, \frac{J_1\, l}{3}$$

$$= \frac{3{,}5}{E_{1p}} \cdot \varSigma J_1\, l,$$

für Drehstromsystem bei Sternschaltung mit Mittelleiter

$$q = \frac{0{,}0175}{0{,}005\, E_{1p}} \, \varSigma \, \frac{J_1\, l}{3} \, \frac{1}{3} \, (3 + 0{,}67),$$

$$q = \frac{1{,}43}{E_{1p}} \, \varSigma J_1\, l$$

und

$$q_m = 0{,}67 \, q.$$

In $\varSigma J_1\, l$ bedeuten J_1 die wahren primären Leiterströme für den Fall, daß alle Belastungen an ein Einphasennetz angeschlossen sind.

49. Kupferverbrauch bei den verschiedenen Systemen.

Für die Wahl der für ein Leitungsnetz in Betracht zu ziehenden Systeme es ist es von Wichtigkeit, unter anderem auch den Kupferverbrauch der einzelnen Systeme zu kennen, d. h. sie bezüglich desselben vergleichen zu können. Und da die Leitungslänge für alle Systeme dieselbe ist, so bildet der Gesamtquerschnitt Q der verschiedenen Systeme direkt ein Maß für den Kupferverbrauch.

Für das Einphasensystem ist

$$Q_2 = 2\, q = 2 \cdot 1{,}59 \cdot 10^{-2} \cdot \varSigma J \cdot l$$

$$= 3{,}18 \cdot 10^{-2} \cdot \varSigma J l.$$

Für das Dreileitersystem ist

$$Q_3 = 2\, q + q_m = (2 + 0{,}55)\, 0{,}51 \cdot 10^{-2} \cdot \varSigma J l$$

$$= 1{,}3 \cdot 10^{-2} \cdot \varSigma J l.$$

Für das Drehstromsystem

a) Dreieckschaltung

$$Q_\triangle = 3\, q = 3 \cdot 0{,}795 \cdot 10^{-2} \cdot \varSigma J l$$

$$= 2{,}39 \cdot 10^{-2} \, \varSigma J l,$$

b) Sternschaltung mit Mittelleiter

$$Q_\lambda = 3\,q + q_m = (3 + 0{,}67)\,0{,}325 \cdot 10^{-2} \cdot \Sigma Jl$$
$$= 1{,}19 \cdot 10^{-2}\,\Sigma Jl.$$

Der Kupferverbrauch der verschiedenen Systeme verhält sich dann wie

$$Q_2 : Q_3 : Q_\triangle : Q_\lambda = 3{,}18 : 1{,}3 : 2{,}38 : 1{,}19 = 100 : 41 : 75 : 37{,}5.$$

Bei diesen Zahlen muß jedoch ausdrücklich darauf hingewiesen werden, daß als Basis für den Vergleich eine unsymmetrische Belastung von $15\,^0/_0$ und ein maximaler Spannungsabfall von $2\,^0/_0$ bei gleicher Effektübertragung und gleichem Effektverlust angenommen wurde und daß außerdem nicht die maximale oder minimale Spannungsdifferenz des Systems berücksichtigt, sondern allgemein eine solche von 110 Volt angenommen wurde. Die hier gefundenen Werte stimmen daher mit den später auf Seite 142 und 144 ermittelten nicht überein.

Siebentes Kapitel.

Ausgleichleitungen.

50. Der Ausgleich in den Leitungsnetzen. — 51. Nachrechnung eines Netzes
auf Ausgleich.

50. Der Ausgleich in den Leitungsnetzen.

Unsere bisherige Berechnung von Leitungsnetzen war unter
der ganz bestimmten Einschränkung erfolgt, daß die Spannung der
einzelnen Speisepunkte für alle Belastungen einen konstanten Wert
besitzt, und zwar wurde angenommen, daß die verschiedenen
Speisepunkte unabhängig von einander reguliert werden. Diese
Voraussetzung trifft aber bei praktischen Ausführungen kaum zu,
da eine derartige Regulierungsanlage sehr teuer werden würde.
Vielmehr werden, wie wir im Kapitel über Regulierung (Seite 145)
sehen werden, nur ein oder zwei, selten mehr Speisepunkte des
Netzes auf konstanter Spannung gehalten oder die Regulierung des
ganzen Netzes geschieht nach der mittleren Spannung mehrerer
Punkte, und es ist deshalb erforderlich, die bisher ermittelten Dimensionen des Leitungsnetzes einer Nachrechnung unter Berücksichtigung der· tatsächlichen Regulierungsverhältnisse zu unter-
ziehen.

Sobald nicht alle Speisepunkte eines Netzes direkt von der
Zentrale aus einzeln reguliert werden, verlieren sie natürlich auch
mehr oder weniger den Charakter von Punkten konstanter Spannung, es wird infolgedessen zwischen den einzelnen Speisepunkten
untereinander eine Spannungsdifferenz herrschen, die sich zu dem
der Berechnung des Netzes zu Grunde gelegten Spannungsabfall
noch addiert. Diese zwischen zwei Speisepunkten auftretende
Spannungsdifferenz ist natürlich abhängig von dem Widerstande der
die Speisepunkte verbindenden Leitungsteile und der jeweiligen Ungleichmäßigkeit in der Belastung.

Bei der Berechnung des Leitungsnetzes hatten wir außerdem
angenommen, daß das ganze Netz voll belastet ist. Auch dies wird

in Wirklichkeit fast nie der Fall sein, sondern es werden vielmehr einzelne Teile des Netzes zeitweise maximal oder gar nicht belastet sein (Theater, Konzertsäle, Fabriken), andere dagegen stets mehr oder weniger normal. Diese Ungleichmäßigkeit in der Belastung, die also nicht durch eine ungünstige Verteilung der Nutzwiderstände auf die einzelnen Netzhälften, wie beim Dreileitersystem etc., hervorgerufen ist, wird sich nicht vermeiden lassen. Und man muß deshalb, um die Spannungsdifferenz zwischen den Speisepunkten zu verringern, die Leitfähigkeit der die einzelnen Speisepunkte verbindenden Leitungsteile vergrößern, indem man entweder den Querschnitt der Leitungen selbst vergrößert oder zwischen die Speisepunkte noch besondere Leitungen, sogenannte **Ausgleichleitungen** legt, welch letztere natürlich auch nur eine Querschnittsvergrößerung der anderen Leitungen bedeuten. Man hat es hierdurch vollkommen in der Hand, die Spannungsdifferenz zwischen den Speisepunkten auf einen beliebig kleinen Wert zu reduzieren, sobald die Nachrechnung des Netzes auf Ausgleich, d. h. eine Nachrechnung unter Annahme der ungünstigsten Belastungsverhältnisse, einen unzulässigen Wert ergibt.

Aus dem Vorhergesagten über die Entstehung der Potentialdifferenz zwischen den einzelnen Speisepunkten folgt ohne weiteres, daß der Ausgleich in einem Leitungsnetz im allgemeinen um so vollkommener ist, je geringer der Spannungsverlust im Netze von Leerlauf bis Volllast ist. Ein Netz wird also um so besser ausgleichen, je vollkommener seine natürliche Selbstregulierung ist.

51. Nachrechnung eines Netzes auf Ausgleich.

In der Praxis verlangt man, daß bei den unter normalen Verhältnissen vorkommenden Fällen ungleichmäßiger Belastung eine Potentialdifferenz der Speisepunkte von 1 Volt nicht überschritten werden darf. Um ein Netz auf diese Bedingung hin zu prüfen, d. h. auf Ausgleich nachzurechnen, müssen wir den ungünstigsten Fall der ungleichmäßigen Belastung des Netzes, der bei demselben bei normalem Betriebe oft eintreten kann, ermitteln. Es sei z. B. eine Fabrik mit großem Strombedarf an das Leitungsnetz angeschlossen, in welcher nur bis abends 6^h gearbeitet wird. Nach 6^h werde der Strom ausgeschaltet, und es sei zu untersuchen, wie sich die Spannung des Speisepunktes, von welchem aus die Fabrik hauptsächlich mit Strom versorgt wird, gegenüber den entfernter liegenden verändert. Zur Berechnung dieses Potentialunterschiedes verfährt man am einfachsten folgendermaßen.

Zunächst bestimmt man wie früher (Kapitel I) die Stromverteilung für diese ungleichmäßige Belastung unter der Annahme,
daß auch die Knotenpunkte Speisepunkte sind (s. Seite 13). Hierauf

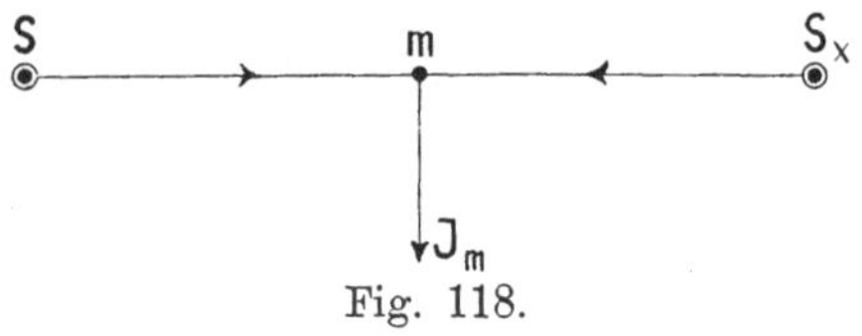

Fig. 118.

reduziert man wieder das nur
noch in den Knotenpunkten belastete Leitungsnetz auf einen
einfachen Leitungsstrang mit
einer einzigen Stromabzweigung
(J_m), jedoch so, daß der Speise-
punkt, der durch die Fabrik entlastet wurde (S_x) entsprechend
dem Speisepunkt S_5 von Fig. 20 und 21 übrig bleibt (s. Fig. 118).

Da man das Leitungsnetz auf Ausgleich nachzurechnen hat, so
sind die Dimensionen der Leitungen, auch die der Speiseleitungen
aus den früheren Berechnungen her schon bekannt. Um nun den

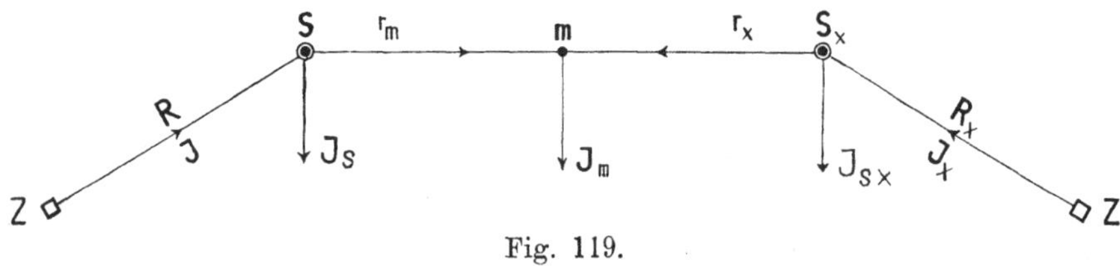

Fig. 119.

Potentialunterschied des Speisepunktes S_x gegenüber den übrigen
(S) zu erhalten, belasten wir S und S_x durch die Speisepunktsströme
J_s und J_{sx}, die sich aus der ersten Berechnung (auch Knotenpunkte
als Speisepunkte betrachtet) ergeben haben, und verbinden die
Speisepunkte S und S_x durch ihre entsprechenden Speiseleitungen
mit der Zentrale (s. Fig. 119). J_s ist natürlich die Summe der
Speisepunktsströme von sämtlichen Speisepunkten, die in S ent-
halten sind, und die Leitfähigkeit der Speiseleitung für S ist gleich
der Summe der Leitfähigkeiten sämtlicher Speiseleitungen, deren
Speisepunkte bei der Reduktion mit S zusammengefallen sind.

Da die Widerstände der Speiseleitungen R und R_x, ferner die
Widerstände des reduzierten Leitungsstranges r_m und r_x, sowie die
Ströme J_s, J_m und J_{sx} bekannte Größen sind, so läßt sich die
Stromverteilung der Leitung von Fig. 119, wie auf Seite 9 gezeigt
wurde, leicht bestimmen. Für J_x folgt

$$J_x = \frac{R \cdot J_s + (R + r_m) J_m + (R + r_m + r_x) J_{sx}}{R + r_m + r_x + R_x}$$

woraus sich die übrigen Leiterströme ohne weiteres ergeben.

Damit dieses Netz bezüglich des Ausgleichs genügt, d. h. damit zwischen S und S_x eine Potentialdifferenz von höchstens 1 Volt auftritt, muß folgende Bedingung erfüllt sein

$$(\boldsymbol{J_x} - \boldsymbol{J_{sx}})\, r_x + (\boldsymbol{J_x} - \boldsymbol{J_{sx}} - \boldsymbol{J_m})\, r_m \leqq \boldsymbol{1\ Volt.} \quad (28)$$

Ist dies nicht der Fall, so müssen r_x und r_m durch Variieren der Leitungsquerschnitte oder durch Legen von besonderen, sogen. Ausgleichleitungen, so verändert werden, daß der Spannungsunterschied zwischen S und S_x gleich oder kleiner als 1 Volt wird.

Achtes Kapitel.

Berechnung der Leitungen auf Wirtschaftlichkeit.

52. Wirtschaftlichkeit einer Leitungsanlage — 53. Ermittlung der wirtschaftlichen Stromdichte. — 54. Beispiel. — 55. Praktischer Wert der Berechnung auf Wirtschaftlichkeit.

52. Wirtschaftlichkeit einer Leitungsanlage.

Eine Anlage auf Wirtschaftlichkeit berechnen heißt: Das Minimum der jährlichen Gesamtausgaben 1. für Amortisation und Verzinsung des Anlagekapitals und 2. für die Instandhaltung und den Betrieb der Anlage zu finden. Da die Kosten für die Leitungsanlage im allgemeinen nicht mit denen für die Erzeugerstation oder auch mit denjenigen für den Betrieb gleichmäßig abnehmen oder steigen, das Minimum für diese einzelnen Teile mithin, wenn es graphisch ermittelt würde, nicht an derselben Stelle liegen würde, wie dasjenige für die Gesamtanlage, so kann die Wirtschaftlichkeit einer Einzelanlage in Bezug auf die Wirtschaftlichkeit der Gesamtanlage immer nur eine relative sein. Und eine Leitungsanlage auf Wirtschaftlichkeit zu berechnen, kann somit nichts anderes heißen, als das relative Minimum der jährlichen Ausgaben für diese Anlage zu ermitteln, bei dem die jährlichen Ausgaben für die Gesamtanlage ein absolutes Minimum werden.

Die hierbei vor allen Dingen in Betracht kommenden Faktoren sind:

1. Das System der Gesamtanlage.
2. Die Betriebsspannungen (primär und sekundär).
3. Der Effektverlust oder die Stromdichte, bei der die Energieübertragung stattfindet.

Wollte man also das absolute Minimum der jährlichen Ausgaben für die Gesamtanlage bestimmen, so hätte man die Beziehungen dieser drei Faktoren untereinander in Abhängigkeit von den Kosten mathematisch zu formulieren, die so erhaltene Gleichung partiell nach der Spannung und der Stromdichte zu differentieren und so die wirtschaftlich günstigsten Werte der letzteren für die verschiedenen in Betracht kommenden Systeme zu bestimmen. Eine solche Aufgabe enthält aber natürlich bei der großen Mannigfaltigkeit der Beziehungen dieser drei Faktoren zu den Kosten, sehr große Schwierigkeiten und hat infolgedessen bisher auch noch keine brauchbare Lösung gefunden.

Angenähert wollen wir deshalb so verfahren, daß wir zuerst die wirtschaftliche Stromdichte ermitteln, ihre Abhängigkeit von der mutmaßlichen Spannung und dem System durch einige Koeffizienten berücksichtigen und dann auf Grund der so gefundenen Stromdichte die wirtschaftlich günstigste Betriebsspannung bestimmen. Das System wird, wie wir im Kap. X sehen werden, meistens zuerst ermittelt oder durch andere Umstände bereits gegeben sein. Für uns, d. h. vom Standpunkte der Leitungen aus, kommt es zuletzt in Betracht. Wir zerlegen deshalb die gesamte Berechnung auf Wirtschaftlichkeit in drei Teile, nämlich:

1. Ermittlung des wirtschaftlich günstigsten Effektverlustes oder der wirtschaftlichen Stromdichte in den Leitungen.

2. Ermittlung der wirtschaftlich günstigsten Spannungen (primär und sekundär).

3. Ermittlung des wirtschaftlich günstigsten Systems.

53. Ermittlung der wirtschaftlichen Stromdichte.

Da bei den Verteilungsleitungen, wie wir gesehen haben, eine ganz bestimmte, sehr enge Grenze ($2\,^0/_0$) für den zulässigen Spannungsabfall vou vornherein gegeben ist und dieser proportional mit der Stromdichte wächst, so beschränkt sich die Berechnung auf Wirtschaftlichkeit bei einer Leitungsanlage auf die Berechnung der Speiseleitungen, d. h. auf die Ermittlung der geringsten jährlichen Kosten für die Energie-Übertragung. Diese Übertragungs- oder Fortleitungskosten, wie sie Hochenegg, dem wir die ersten ausführlichen Rechnungen über Wirtschaftlichkeit verdanken, genannt hat, sind vor allen Dingen abhängig vom Effektverlust in der Leitung und von den Kosten für die Leitungsanlage. Letztere werden um so geringer, je kleiner wir die Querschnitte der Speiseleitungen wählen. Mit der Abnahme der Querschnitte wachsen aber die Verluste in den Leitungen und damit auch wieder die Anlagekosten für die Erzeugerstation. Wir zerlegen deshalb die jährlichen Übertragungskosten in folgende Teile:

1. Die jährlichen Anlagekosten k_1 für den Effektverlust in der Leitung.

Der Effektverlust sei v. Bezeichnet man mit m_0 die auf 1 Watt entfallenden Anlagekosten für die Erzeugerstation, so sind die Anlagekosten für den gesamten Effektverlust

$$K_1 = m_0 \cdot v.$$

Nehmen wir der Einfachheit wegen ein Einphasennetz an, so können wir auch schreiben

$$m_0 \cdot v = m_0 J^2 \cdot 2 \cdot r = m_0 \cdot s \cdot J \cdot l \cdot 2 \varrho,$$

wo s die Stromdichte und l die einfache Länge der Speiseleitung bedeutet.

Wird sodann das Anlagekapital des Werkes mit $p_0\,^0/_0$ verzinst, so betragen die jährlichen Anlagekosten

$$k_1 = \frac{p_0}{100} \cdot K_1 = \frac{p_0}{100} \cdot m_0 \cdot s \cdot J \cdot l \cdot 2\,\varrho.$$

2. Die jährlichen Betriebskosten k_2 für den Effektverlust.

Bezeichnet man mit m_b die Kosten für die Erzeugung von 1 Wattstunde in der Primärstation, mit T die durchschnittliche Dauer der vollen Effektverluste[1]) pro Jahr in Stunden oder die Zeit, während welcher der volle Betriebsstrom J in der Leitung fließen müßte, um den Effektverlust v zu liefern, so wird

$$k_2 = m_b \cdot s \cdot J \cdot l \cdot 2\,\varrho \cdot T$$

3. Die jährlichen Kosten k_3 für die Leitungsanlage.

Für die Anlagekosten einer Leitung kann man setzen

$$K_3 = (fa + g \cdot q \cdot b)\,l = \left(fa + b \cdot g \cdot \frac{J}{s}\right) l.$$

Hier bedeuten

a die Isolations- und Verlegungskosten pro laufenden Meter bei Kabeln,

b die Kupferkosten,

f die Anzahl der parallelen Leitungen,

q den Querschnitt einer Leitung,

$g \cdot q$ den gesamten Querschnitt (für Hin- und Rückleitung).

Wird die Leitungsanlage mit $p_l\,^0/_0$ verzinst, so betragen die jährlichen Kosten für die Leitungsanlage

$$k_3 = \frac{p_l}{100} \cdot K_3 = \left(f \cdot a + b \cdot g \cdot \frac{J}{s}\right) l\,\frac{p_l}{100}$$

---

[1]) Siehe Hochenegg, Anordnung und Bemessung elektrischer Leitungen, Seite 58.

Für die gesamten jährlichen Kosten folgt dann

$$K = k_1 + k_2 + k_3 = l\left[2\varrho s \cdot J\left(\frac{p_0\, m_0}{100} + T \cdot m_b\right) + \left(fa + b \cdot g \cdot \frac{J}{s}\right)\frac{p_b}{100}\right] \quad (29)$$

Um nun die Stromdichte zu erhalten, bei welcher die Kosten K ein Minimum werden, differenzieren wir die Gleichung für K nach s, setzen $\dfrac{d\,K}{d\,s} = 0$ und berechnen daraus s. Der so erhaltene Wert von s ergibt uns dann die wirtschaftliche Stromdichte. Also

$$\frac{d\,K}{d\,s} = l\left[2\varrho J\left(\frac{p_0 \cdot m_0}{100} + T \cdot m_b\right) - b \cdot g\frac{J}{s^2}\frac{p_l}{100}\right] = 0 \quad . \quad . \quad (30)$$

woraus für s folgt

$$s = \sqrt{\frac{b \cdot g\, p_l}{2 \cdot \varrho \cdot 100\left(\dfrac{p_0 \cdot m_0}{100} + T\, m_b\right)}}$$

54. Beispiel.

Aus Hocheneggs „Statistik der Elektrizitätswerke" ergeben sich für die Größen a, b, p_0, p_l, m_0, m_b und T folgende Werte

1. a

2 Drähte auf einem Holzgestell					0,56—0,66
3	„	„	„	„	0,46—0,56
4	„	„	„	„	0,4 —0,5
6	„	„	„	„	0,35—0,45
8	„	„	„	„	0,32—0,42

2. b

$b = 0{,}0138$ bei einem Kupferpreis von 50 £ pro Tonne.

3. p_0

$$p_0 = 5 - 10\,^0/_0.$$

4. p_l

$p_l = 5 - 7\,^0/_0$ bei unterirdischen Leitungen
$p_l = 9 - 10\,^0/_0$ bei oberirdischen Leitungen.

5. m_0

$$m_0 = 0{,}5 - 2{,}5 \text{ Mark pro Watt}$$

6. m_b

$m_b = 0{,}5 \cdot 10^{-4}$ bis $2{,}5 \cdot 10^{-4}$ Mark pro Wattstunde.

7. T

bei Lichtanlagen $T = 300 - 700$ Std.
bei Kraftanlagen bis 1600 „

Setzt man mittlere Werte für diese Größen in die Gleichung für s ein, so erhält man für s einen mittleren Wert von

$$s = 0{,}5 \text{ Amp. pro } \mathrm{m/m^2}.$$

Dieser Wert von s verändert sich wenig, wenn man schon die Zahlenwerte der einzelnen Größen unter der Wurzel innerhalb der praktischen Grenzen erheblich variiert. Daraus folgt, daß die wirtschaftliche Stromdichte für die normalen Verhältnisse ziemlich konstant bleibt.

55. Praktischer Wert der Berechnung auf Wirtschaftlichkeit.

Wir wollen noch untersuchen, wie sich die Kosten K verändern, wenn wir die Stromdichte variieren. Zu diesem Zwecke nehmen wir folgende mittleren Werte an

$$p_0 = 8\,{}^0/_0 \qquad m_0 = 1{,}5 \qquad T = 500 \qquad m_b = 1{,}5 \cdot 10^{-4} \qquad p_l = 10\,{}^0/_0.$$

Für ein Einphasennetz mit einer Hin- einer Rückleitung wird

$$f = 1 \qquad a = 0{,}6 \qquad b = 0{,}0138 \text{ und } g = 2.$$

Dann ergeben sich für K folgende Werte

$$K = l\left[J \cdot 0{,}035 \cdot \left(\frac{8}{100} \cdot 1{,}5 + 500 \cdot 1{,}5 \cdot 10^{-4} \right) s \right.$$

$$+ \left.\left(0{,}6 + 2 \cdot 0{,}0138 \cdot \frac{J}{s} \right) \frac{10}{100} \right]$$

$$= l\left[J \cdot \left(0{,}006\,825\,s + 0{,}00\,276\,\frac{1}{s} \right) + 0{,}06 \right]$$

oder K pro km und $J = 100$ Amp.

$$K_{km} = 682{,}5\,s + 276\,\frac{1}{s} + 60.$$

Um die Abhängigkeit der jährlichen Kosten von der Stromdichte deutlich zu sehen, wollen wir diese Gleichung graphisch darstellen (s. Fig. 120). Da diese Kurve für die Werte $s = 0{,}45$ bis $s = 1{,}0$ sehr flach verläuft, so sind die Kosten K von der Wahl der Stromdichte innerhalb dieser Grenzen praktisch unabhängig. So z. B. nehmen die Kosten K nur um 65 M. oder $6{,}5\,{}^0/_0$ zu, wenn man die Stromdichte von 0,5 auf 1,0 Amp., also um $100\,{}^0/_0$ vergrößert. Erst bei sehr großen oder sehr kleinen Stromdichten, die man in der Praxis niemals wählen würde, fangen die Kosten an merklich zu steigen.

Aus der Kurve Fig. 120 kann also der wichtige Schluß gezogen werden, daß eine Berechnung auf wirtschaftliche Stromdichte in der Weise, wie sie hier erfolgt ist, und bisher all-

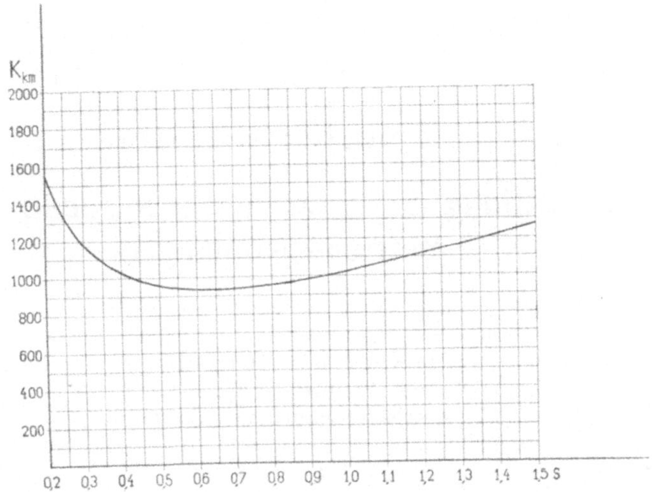

Fig. 120. Abhängigkeit der jährlichen Kosten von der Stromdichte.

gemein üblich ist, d. h. also nach dem bereits erwähnten Annäherungsverfahren praktisch keinen großen Wert hat, da ja die Kosten K bei den üblichen Werten von

$$s = 0{,}45 - 1{,}0 \text{ Amp.}$$

nur sehr wenig variieren. Bei der Berechnung einer Anlage auf Wirtschaftlichkeit kommt es vielmehr darauf an, das günstigste System und die wirtschaftlich beste Spannung zu wählen, denn von der Spannung hängt bei einer bestimmten Effektübertragung die Größe des zu übertragenden Stromes J ab, die in der Gleichung für K die Kosten bedeutend mehr beeinflussen als die Stromdichte. Um eine Kraftübertragung möglichst wirtschaftlich zu gestalten, müssen wir also hauptsächlich darauf sehen, daß die Primärspannung, resp. der Strom J so gewählt ist, daß die Kosten ein Minimum sind.

Neuntes Kapitel.

Ermittlung der wirtschaftlich günstigsten Betriebsspannungen.

56. Einfluß der Betriebsspannung auf die Wirtschaftlichkeit. — 57. Spannung im Hoch- und Niederspannungsnetz. — 58. Einfluß der Kabelkosten auf die Wahl der Spannung. — 59. Grenzen der Hochspannung (Kritische Spannungen) für Fernleitungen und deren Verluste. — 60. Bestimmung der wirtschaftlichen Betriebsspannung und Beispiele.

56. Einfluss der Betriebsspannung auf die Wirtschaftlichkeit.

Die auf Seite 115 gefundene wirtschaftliche Stromdichte gab uns, wie wir sahen, für eine gegebene Leitungslänge bezw. für die auf eine bestimmte Entfernung zu übertragende gegebene Energie nur an, bei welchem prozentualen Effektverlust die Übertragung am wirtschaftlichsten ist. Keineswegs bestimmt dadurch waren die Stromstärke resp. die Spannung, bei der die Energieübertragung ·stattfinden mußte.

Wir wollen deshalb im folgenden untersuchen, wie man die wirtschaftliche Betriebsspannung und damit auch die Stromstärke ermitteln kann.

Allgemein wird man sagen können, daß mit wachsender Spannung die Kosten der Generatoren, Motoren, Transformatoren, Schaltanlage, der Isolation und schließlich die Kosten für die Überwachung der Anlage zunehmen, die Kosten für das Leitungsmaterial dagegen abnehmen werden. Und diejenige Spannung, für die die jährlichen Gesamtkosten ein Minimum werden, wird die wirtschaftlich günstigste sein.

Um zu sehen, wie sich der Kupferquerschnitt mit der Spannung ändert, nehmen wir an, daß der zu übertragende Effekt und auch der Effektverlust konstant sei; also der Effekt

$$P = E \cdot J \cdot \cos \varphi = \text{Konst.}$$

und der Effektverlust

$$W = J^2 \cdot R = \text{Konst.}$$

Da

$$J = \frac{P}{E \cos \varphi},$$

so wird

$$W = \left(\frac{P}{E \cdot \cos \varphi} \right)^2 \cdot R,$$

$$R = \frac{l \cdot \varrho}{q},$$

also

$$q = \left(\frac{P}{E \cdot \cos \varphi} \right)^2 \frac{l \cdot \varrho}{W},$$

d. h. der Querschnitt nimmt mit dem Quadrat der Spannung ab. Bei beispielsweiser Erhöhung der Betriebsspannung von 5000 auf 10000 Volt, vorausgesetzt, daß sich die Größe des zu übertragenden Effektes und des Effektverlustes nicht ändern soll, würde also der Leiterquerschnitt auf ein Viertel reduziert werden müssen. Da der Kupferverbrauch proportional mit der Länge der Leitung zunimmt, so wird man um so höhere Spannungen wählen, je größere Entfernungen man zu überbrücken hat.

57. Spannung im Hoch- und Niederspannungsnetz.

Für die Niederspannungs-Verteilungsleitungen war die Höhe der Spannung, wie wir früher schon gesehen haben, durch die Rücksicht auf die Glühlampen auf 110 resp. 220 und 440 Volt festgelegt. Für die Hochspannungs-Verteilungsleitungen, die aus Kabeln bestehen, wird der Gewinn an Kupfer bei höheren Spannungen, wie wir sehen werden, sehr bald durch die bedeutend zunehmenden Isolationskosten der Kabel aufgewogen sein. Auch werden andererseits die Mehrkosten für Überwachung der Anlage, für sorgfältigere Ausführung der Anschlüsse etc. mit der Höhe der Spannung beträchtlich zunehmen. Man geht deshalb im allgemeinen bei Hochspannungs-Verteilungsleitungen im Mittel bis 5000 und maximal nicht höher als 10000 Volt.

Bei Fernleitungen wird man zu unterscheiden haben zwischen solchen aus blanken Oberleitungen, solchen aus Kabeln und solchen, bei denen der größte Teil der Strecke als Oberleitung ausgeführt ist und erst bei Eingang der Stadt Kabel verwendet sind. Für Fernleitungen aus Kabeln wird aus dem oben erwähnten Grunde die Steigerung der Betriebsspannung gleichfalls sehr bald eine wirtschaftliche Grenze haben. Bei reinen Oberleitungen dagegen wird man bei großen Entfernungen zu sehr hohen wirtschaftlichen Spannungen kommen; denn hier fallen die Hauptkosten für die Kabelisolation fort, und die Kosten für Generatoren, Motoren, Schaltanlage etc. werden mit der Spannung nur allmählich zunehmen.

Meistens kommen für lange Fernleitungen fast nur Oberleitungen in Betracht, bei größeren Städten mit teilweiser Verlegung in Kabeln. Um den Einfluß der relativ kurzen Kabelstrecke auf die wirtschaftliche Betriebsspannung zu untersuchen, wird es wichtig sein, sich darüber Klarheit zu verschaffen, in welchem Verhältnis die Isolationskosten zu den Kupferkosten mit zunehmender Spannung bei Kabeln stehen. Dies untersucht man am besten an solchen Anlagen, bei denen die Speiseleitungen nur aus Kabeln bestehen, wie dies in England fast ausschließlich der Fall ist, wo infolge von gesetzlichen Bestimmungen hohe Betriebsspannungen für Oberleitungen bis auf den heutigen Tag ausgeschlossen sind, und man auch bei langen Fernleitungen in der Hauptsache auf Kabel angewiesen ist. Betriebsspannungen von 15 000 Volt gehören deshalb dort zu den Seltenheiten.

58. Einfluß der Kabelkosten auf die Wahl der Spannung.

Die folgenden Mitteilungen und Kurven sind einem Vortrag von Mr. Andrew Stewart[1]) entnommen und beziehen sich auf englische Preise und Verhältnisse. Nichtsdestoweniger werden sie über das wesentliche der Sache, auf das es hier allein ankommt, sehr gut Aufschluß geben und mit geringfügigen Abänderungen auch für unsere deutschen Verhältnisse gelten können.

Fig. 121 zeigt für Hochspannungskabel das Verhältnis der Isolationskosten zu den Kupferkosten in Abhängigkeit von den Querschnitten bei bestimmten Spannungen. Die Ordinaten zeigen an, um wie viel mal die Isolationskosten höher sind als die Kupferkosten. Je mehr Effekt also mit einem Kabel bei gegebener Spannung übertragen wird, desto billiger wird die Übertragung pro KW.

In Fig. 122 ist die Abhängigkeit des Kupfergewichtes vom Leistungsfaktor bei verschiedenen Spannungen dargestellt. Die Kurven entsprechen einer Übertragung von 1000 KW. auf eine Entfernung von ungefähr 18 km bei einem Energieverlust von $10^0/_0$. Bei Vergrößerung der Phasenverschiebung muß man bei gleichem

---

[1]) Siehe Journal of the Institution of Electrical Engineers. Vol. 31, Seite 1122 u. f.

Effektverlust und konstanter Spannung den Querschnitt vergrößern.

Fig. 123 zeigt die Kupfer- und Isolationskosten eines Drehstromkabels bei wachsender Spannung und Fig. 124 dieselben Kosten

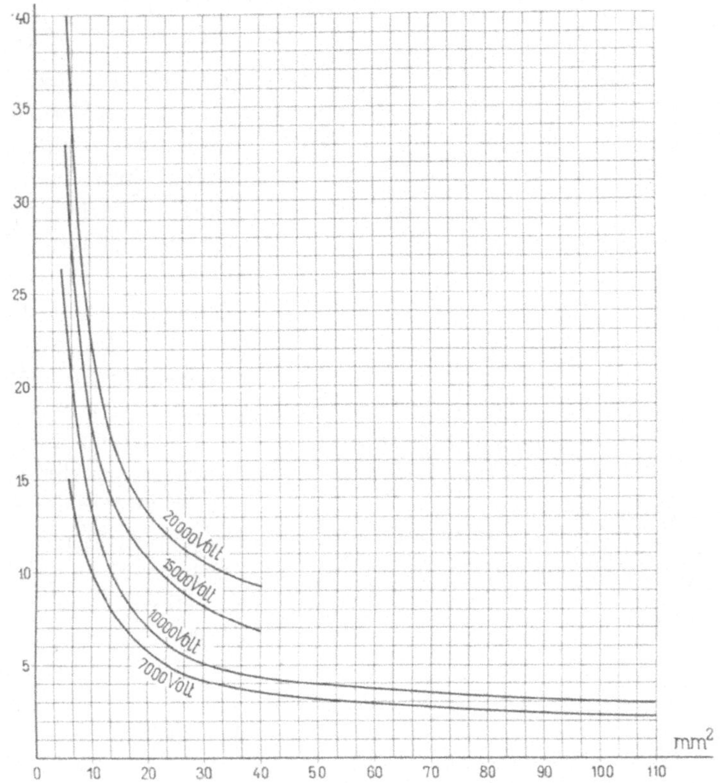

Fig. 121. Verhältnis der Isolationskosten zu den Kupferkosten in Abhängigkeit von den Querschnitten eines Hochspannungskabels bei verschiedenen Spannungen.

für den Fall, daß statt des einen Kabels zwei von ungefähr halbem Querschnitt verwendet werden. Den Kurven liegt wieder eine Energie-Übertragung von 1000 KW. auf eine Entfernung von 18 km bei einem Wattverlust von $10\,^0/_0$ zu Grunde.

Ein Vergleich von Fig. 123 mit Fig. 124 ergibt, wie erheblich die Gesamtkosten steigen, wenn man aus Rücksicht auf die Betriebssicherheit anstatt eines Kabels, mit dem man den ganzen Effekt allein übertragen könnte, gezwungen ist, zwei Kabel zu verwenden. Dies ist sehr wichtig, denn man wird in der Praxis meistens ein

Doppelkabel haben müssen, auch wenn die Ausführung noch so
sorgfältig geschieht. Bei beiden Figuren zeigen die Kurven ein
deutliches Minimum, bei dem für die gegebenen Verhältnisse die
wirtschaftliche Spannung liegt. Höhere wirtschaftliche Spannungen kann man also nur, in Übereinstimmung mit Fig. 121, bei größeren Querschnitten, d. h. bei Vergrößerung des zu übertragenden Effektes anwenden. Die Höhe der Betriebsspannung hat also bei reinen Kabelleitungen sehr bald eine wirtschaftliche Grenze.

Aus der Ähnlichkeit der Kupfer- und Isolationskostenkurven ersieht man, daß, während die Kupferkosten umgekehrt mit dem Quadrat der Spannung, die Isolationskosten ungefähr direkt mit dem Quadrat derselben variieren, und daraus erhellt, daß man bei Kabeln die Vorteile der hohen Spannung nicht annähernd so ausnützen kann wie bei Freileitungen.

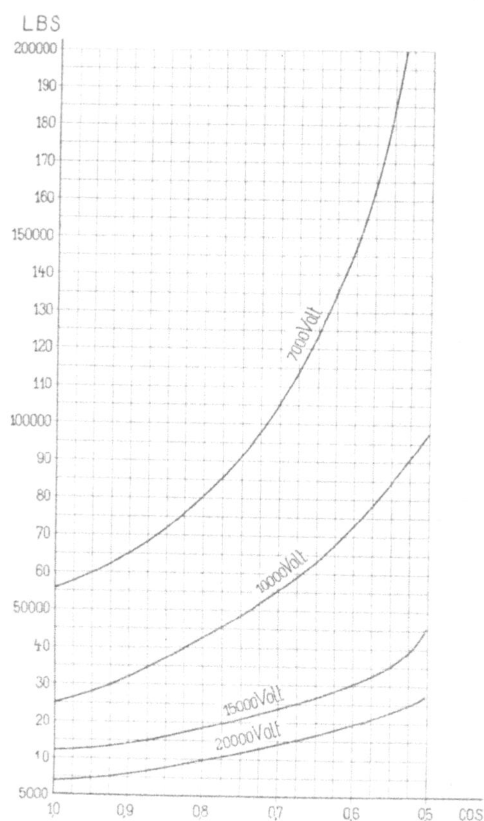

Fig. 122. Abhängigkeit des Kupfergewichtes vom Leistungsfaktor bei verschiedenen Spannungen.

Fig. 125 und 126 zeigen die relativen Kosten für Kupfer und Isolation bei 300 und 600 KW. Übertragung auf ungefähr 18 km bei 10 % Wattverlust. Wie man durch den Vergleich der beiden Figuren wieder ersieht, hängt die Höhe der günstigsten Betriebsspannung hauptsächlich von der Größe des Effektes ab, der durch ein Kabel übertragen wird (in Übereinstimmung mit den Resultaten der Fig. 121). Für 300 KW. wäre von den hier betrachteten Spannungen diejenige von 7000 Volt am günstigsten, für 600 KW. eine solche für 15000 Volt. Aus einem Vergleich der Kurven geht gleichzeitig hervor, daß die wirtschaftliche Spannung einer Anlage mit der Erweiterung der letzteren wächst, wenn man den pro Kabel zu übertragenden Effekt vergrößern kann, und daß man daher gut tut, die Kabel event. gleich für eine höhere Spannung bauen zu lassen. Allerdings ist dabei wieder zu berücksichtigen, daß die Isolationskosten mit der Spannung steigen, die Anlagen für den ersten Betrieb dadurch also teurer wird.

Wohl zu bemerken ist hierbei, daß hier für die Bestimmung der Spannung nur die Kosten des Kabels maßgebend waren, nicht aber, wie es der Wirklichkeit ent-

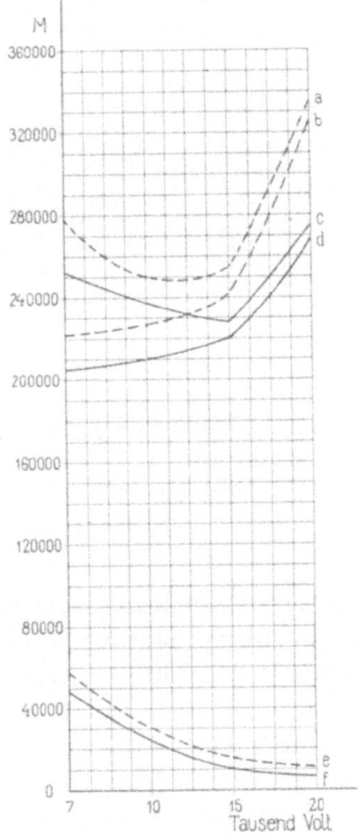

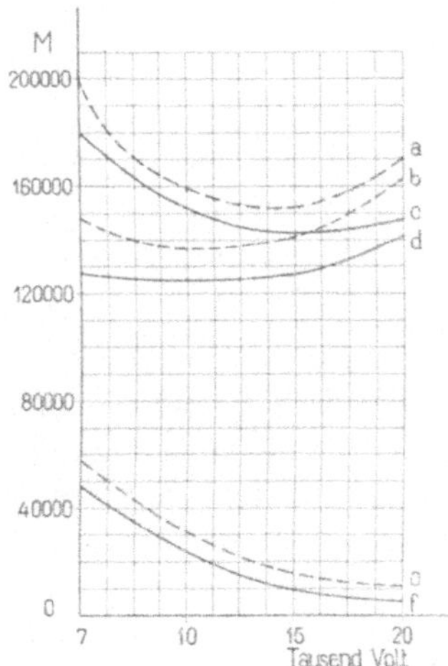

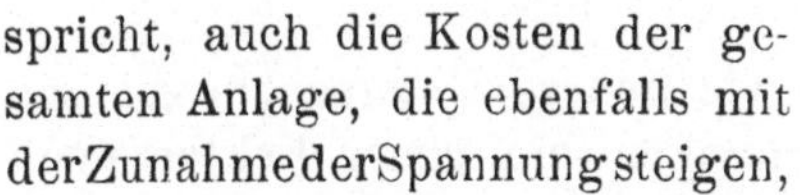

Fig. 123. Kupfer- und Isolationskosten bei wachsender Spannung für ein Drehstromkabel.

Fig. 124. Kupfer- und Isolationskosten bei wachsender Spannung für zwei Kabel von halbem Querschnitt.

a = Gesamtkosten für $\cos \varphi = 0{,}9$;
b = Isolationskosten für $\cos \varphi = 0{,}9$;
e = Kupferkosen für $\cos \varphi = 0{,}9$;
c = Gesamtkosten für $\cos \varphi = 1$;
d = Isolationskosten für $\cos \varphi = 1$;
f = Kupferkosten für $\cos \varphi = 1$;

spricht, auch die Kosten der gesamten Anlage, die ebenfalls mit der Zunahme der Spannung steigen, und deren Einfluß die eben ermittelten wirtschaftlichen Spannungen noch bedeutend herunterdrücken kann. Damit kommen wir zu den übrigen Kosten der Anlage, und wir müssen jetzt untersuchen, ob dieselben, wie wir sagten, nur allmählich zunehmen oder ob bei einer bestimmten Spannung ein plötzliches Steigen erfolgt.

Was zunächst die Generatoren betrifft, so werden die Kosten derselben mit der Spannung nur allmählich steigen. Für Gleich-

strom kommt bei hohen Spannungen nur das Reihenschaltungs-
system (System Thury) in Frage, für Wechselstrom baut man
heute Maschinen bis 20000 Volt, und für höhere Spannungen wird

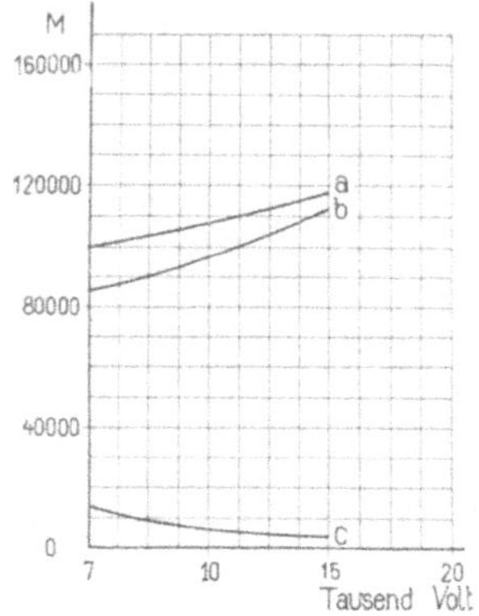

Fig. 125. Relative Kupfer- und Isolationskosten für eine 300 KW-Über-
tragung durch ein Kabel.

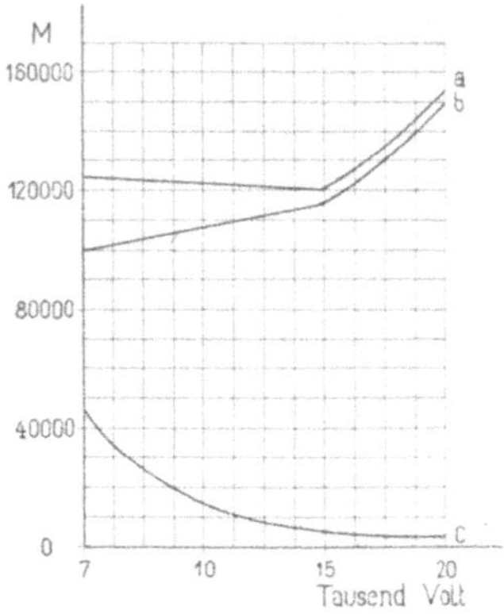

Fig. 126. Relative Kupfer- und Isolationskosten für eine 600 KW-Über-
tragung durch ein Kabel.

a = Gesamtkosten. b = Isolationskosten. c = Kupferkosten.

man Transformatoren verwenden, ohne daß dadurch die Kosten plötzlich so außerordentlich erhöht würden, daß jede höhere Spannung unwirtschaftlich würde. Ähnlich liegen die Verhältnisse bei der Schaltanlage, bei den Isolatoren etc. Nirgends wird mit wachsender
Spannung ein plötzliches Steigen der Kosten stattfinden, so daß bei
sehr weiten Entfernungen die wirtschaftliche Spannung, die beim
Minimum der bisher betrachteten Kosten liegen würde, sehr hoch
werden kann.

59. Grenzen der Hochspannung (Kritische Spannungen) für Fernleitungen und deren Verluste.

Tatsächlich kommt nun aber, wie neuere Untersuchungen gezeigt haben, bei sehr hohen Spannungen ein neuer Faktor noch
hinzu, der der Höhe der wirtschaftlichen Spannung eine Grenze
setzt, und das sind die Energieverluste in den Leitungen selbst,
die von einer bestimmten Spannung an derartig zunehmen, daß
sie jede höhere Spannung unwirtschaftlich machen. Über diese
Energieverluste in den Leitungen sind zuerst ausgedehnte Untersuchungen bei den Kraftübertragungsanlagen von Telluride in
den Vereinigten Staaten angestellt worden, wo bei einer Ent-

fernung von 56 km eine Spannung von 40000 Volt verwendet wird. Auf diese Untersuchungen[1]), die sich hauptsächlich auf die Verluste an den Isolatoren und der Leitung bezogen, sei im folgenden etwas näher eingegangen.

Ein Isolator muß bekanntlich erstens genügend große Oberflächenisolation besitzen, um ein Überschlagen zu verhindern, zweitens eine hohe Durchschlagsfestigkeit haben und drittens, und das ist sehr wichtig, darf seine Widerstandsfähigkeit mit der Zeit nicht abnehmen. Die Isolatoren sind als der Leitung parallel geschaltete Kondensatoren zu betrachten und werden infolgedessen einen dielektrischen Hysteresisverlust verursachen. Außerdem wird an den Isolatoren noch ein Verlust durch Oberflächenleitung auftreten. Die Untersuchungen haben aber gezeigt, daß diese Verluste im Vergleich zur übertragenen Leistung sehr gering sind und praktisch gar keine Rolle spielen. Beispielsweise betrugen sie bei einer Spannung von 25000 Volt zwischen Pflock und Draht oder entsprechend 50000 Volt zwischen den Leitungsdrähten nur 2 Watt pro Isolator.

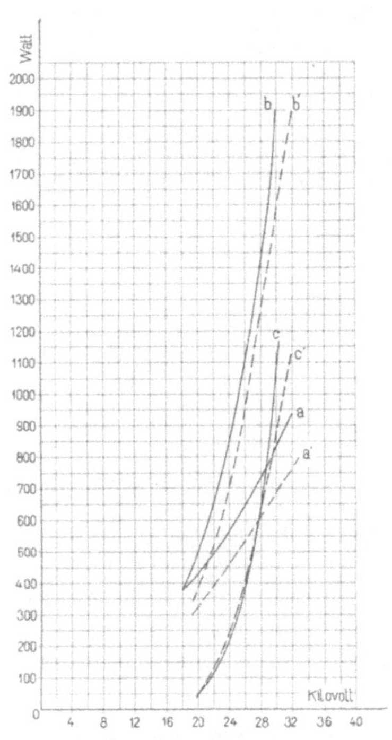

Fig. 127. Verluste für Hochspannungsisolatoren.

Anders verhielt es sich mit den Verlusten, die bei den sogenannten kritischen Spannungen zwischen den Drähten auftraten. Die Messung wurde so durchgeführt, daß zuerst die dem Transformator zugeführte Leistung durch ein Wattmeter im primären Stromkreise gemessen wurde. Wenn sodann die Drähte mit den Sekundärklemmen verbunden wurden, nahm der Ausschlag des Wattmeters zu, und zwar je nach der Zahl und Lage der eingeschalteten Drähte, die man beliebig variieren konnte. Dadurch war man imstande zu untersuchen, wovon die Verluste hauptsächlich abhängig waren.

Fig. 127 zeigt die Resultate des ersten Versuchs, der in einem

---

[1]) Siehe Transactions of the Am. Inst. El. Engineers, Oktober 1898.

Versuchsraum ausgeführt wurde. Kurve *a* gibt die dem Transformator allein zugeführte Leistung an, Kurve *b* die dem Transformator mit angeschlossenen Hochspannungsdrähten zugeführte Leistung. Kurve *c* ist die Differenz beider. Als Periodenzahlen wurden $c = 50$ und $c' = 133$ gewählt. Während die Verluste im Transformator bei der höheren Periodenzahl abnehmen, ist dies, wie die Kurven *c* und *c'* zeigen, bei den Hochspannungsdrähten nicht

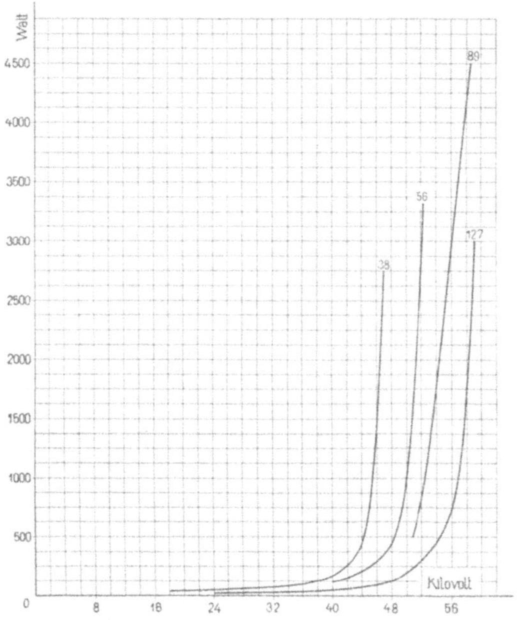

Fig. 128. Entlastungsverluste einer Hochspannungsleitung.

der Fall, die Verluste würden also demnach von der Periodenzahl unabhängig sein. Ferner ergaben die Untersuchungen, daß die Verluste proportional der Drahtlänge wachsen und mit der Entfernung der Drähte voneinander abnehmen. So waren sie bei 28 000 Volt und 10 cm Entfernung ungefähr so groß wie bei 36 000 Volt und 40 cm.

Fig. 128 zeigt die Versuchsergebnisse an einer 38 km langen Betriebsleitung der Telluride-Werke und zwar bei verschiedenem Abstand der Drähte, der bei den entsprechenden Kurven in Centimetern angegeben ist. Gleichzeitig wurden durch Anbringen einer toten Leitung, die mit der Hauptleitung in Bezug auf die Zahl und Anbringung der Isolatoren sowie den Querschnitt identisch war, die Verluste an den Isolatoren gemessen. Es stellte sich heraus, daß sie mit der Spannung nur allmählich zunehmen, eine plötzliche

Zunahme bei den kritischen Spannungen aber nicht zu konstatieren war. Damit war bewiesen, daß das plötzliche Ansteigen der Kurven nicht durch eine rasche Zunahme der Isolatorverluste hervorgerufen wurde, sondern lediglich durch die zwischen den Drähten stattfindende Entladung, die, sobald sie einmal eingesetzt hat, mit jeder weiteren, nur geringen Erhöhung der Spannung derartig zunimmt, daß die Verluste außerordentlich wachsen. Weitere Untersuchungen zeigen ferner, daß die Verluste mit kleinerem Leitungsdurchmesser größer werden, daß sie für gummiisolierte Drähte am kleinsten sind; sobald aber die Isolation durchgeschlagen ist, nehmen sie im selben Verhältnis wie bei blanken Drähten zu.

Ähnliche Versuche in East Pittsburgh und in Niagara führten zu entsprechenden Resultaten und bestätigten die in Telluride gefundenen Ergebnisse.

Fassen wir die hier gewonnenen Resultate, insoweit sie für die Ermittelung der wirtschaftlichen Betriebsspannung in Betracht kommen, noch einmal kurz zusammen, so sehen wir also, daß die Verluste an den Isolatoren im Verhältnis zur übertragenen Leistung sehr gering waren. Verluste durch zwischen den Leitungen stattfindende Entladung waren bis zu den sogenannten kritischen Spannung überhaupt nicht vorhanden, von hier ab aber traten sie plötzlich auf und nahmen mit geringer Steigerung der Spannung so rapid zu, daß schon hierdurch eine Grenze für die wirtschaftliche Spannung gegeben war. Die Höhe der kritischen Spannung war von der Entfernung der Drähte voneinander abhängig. Bei einer Drehstromleitung könnte man aber bei einem Mast für drei Leitungen nicht mehr größere Abstände nehmen als in Fig. 128 angenommen ist, man müßte also bei höheren Spannungen für jede Leitung einen Mast nehmen, wodurch die Anlage wieder bedeutend teurer wird. Über die kritische Spannung, resp. aus Sicherheitsgründen über einen bestimmten Wert vor derselben, könnte man also, wenn bei sehr großen Entfernungen die Berechnung auf Wirtschaftlichkeit höhere Spannungen ergeben sollte, nicht hinaus.

Was die Herstellung und Haltbarkeit der Isolatoren für Spannungen von 50—60000 Volt anbelangt, so hat sich gezeigt, daß die hier bezüglich ihrer Konstruktion und Anfertigung auftretenden Schwierigkeiten wohl zu überwinden sind. Bei dem Telluride-Werk, das, wie schon erwähnt, bei einer Spannung von 40000 Volt arbeitet, sind bis jetzt keine nennenswerten Betriebsstörungen eingetreten. Ebenso bei der allerdings erst seit März vorigen Jahres in Betrieb befindlichen Anlage der **Missouri River Power Company**, die bei einer Spannung von 50000 Volt Energie auf eine Entfernung von ungefähr 130 km überträgt.

60. Bestimmung der wirtschaftlichen Betriebsspannung und Beispiel.

Kehren wir jetzt zu unserer ursprünglichen Frage nach der Ermittelung der wirtschaftlichen Betriebsspannung zurück, so ersehen wir aus dem bisher Gesagten, daß von vornherein gewisse

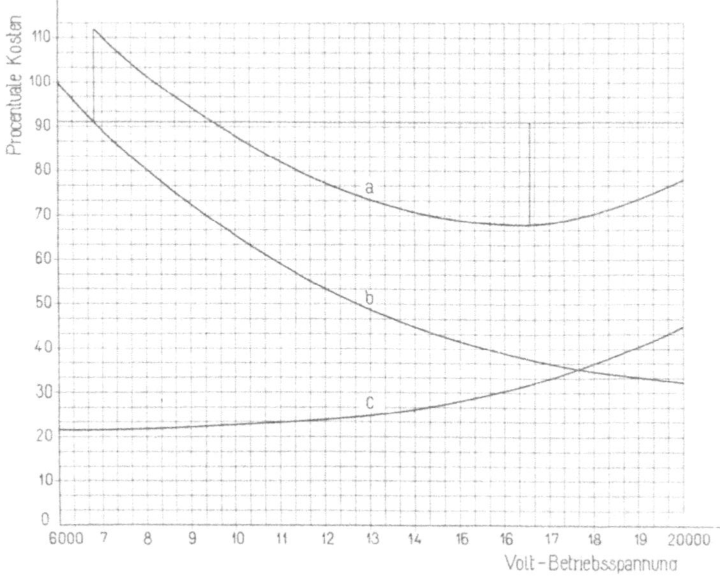

Fig. 129. Ermittelung der wirtschaftlichen Betriebsspannung ü die Kraftübertragung Rheinfelden.

ungefähre Grenzen für die Spannung gegeben sind. So fanden wir für Hochspannungs-Verteilungsleitungen als Maximum 5—10000 Volt, für Speiseleitungen aus Kabeln 10—15000 und für Freileitungen die kritischen Spannungen. Man wird also je nach dem Charakter der Anlage sofort sagen können, welche Spannungen bei der Ermittelung überhaupt nur in Betracht kommen können. Dementsprechend berechnet man auch die verschiedenen Verluste nur für diese Spannungen: bei niedrigen Spannungen vielleicht in Abständen von je 2000, bei sehr hohen Spannungen in solchen von je 5000 Volt. Alle diese Verluste werden für jeden Posten in einer Kurve aufgetragen. Also je eine Kurve für die Kosten der Generatoren, Motoren, Transformatoren, Meß-, Schalt- und Regulierapparate, für die Kosten der Überwachung und für die Kupferkosten. Je mehr Kurven man hat, desto besser, um so eher kann man den Einfluß jedes einzelnen Faktors auf die resultierende Kurve, bei deren Minimum die wirtschaftliche Betriebsspannung liegt, mit verfolgen und eventuell verringern. Dabei wird es von Vorteil sein, die einzelnen Faktoren von vornherein in solche zu trennen, die bei den in Frage kommenden Spannungen konstant bleiben, wie z. B. event. Masten, Überwachung u. s. w., und in solche, die mit der Spannung variieren.

Als Beispiel einer solchen Ermittelung der günstigsten Betriebsspannung seien hier die Kurven für die Kraftübertragungswerke Rheinfelden[1]) wiedergegeben.

Bei der Rheinfeldener Anlage erstreckt sich das zu versorgende Gebiet auf einen Umkreis von ungefähr 20 km um Rheinfelden herum. $^2/_3$ der Energie sind für den Kraftbedarf, $^1/_3$ für Licht vorgesehen. Es waren infolgedessen getrennte Leitungen für Licht und Kraft erforderlich.

Die Berechnung der wirtschaftlichen Stromdichte ergab eine Belastung von 0,9 Amp. pro mm^2, die der Ermittelung der günstigsten Betriebsspannung auch zu Grunde gelegt ist. Die Kurve b gibt die Abhängigkeit der Kosten für das primäre oberirdische Verteilungsnetz von der Betriebsspannung, die Kurve c zeigt die Kosten der primären Hinauftransformation unter Berücksichtigung aller dabei entstehenden Mehr- oder Minderkosten für die Generatoren, für die sekundäre Hinabtransformation, für die Schalt-, Meß- und Regulierapparate etc. und zwar unter Annahme einer Übertragung auf 20 km. Kurve a ist die aus b und c resultierende und zeigt die Gesamtkosten. Die günstigste Betriebsspannung liegt also bei 16 500 Volt.

[1]) Siehe die Kraftübertragungswerke Rheinfelden, herausgegeben von der Allgemeinen Elektrizitätsgesellschaft, Berlin 1896.

Zehntes Kapitel.

Wahl des Systems.

61. Einfluß des Systems auf die Wirtschaftlichkeit.

Da jedes System seine besonderen Vorzüge und Nachteile hat, die je nach dem Zweck der Anlage für die Wahl desselben mehr oder weniger ausschlaggebend sein werden, so wird man diese Wahl nur nach sehr sorgfältigen Untersuchungen der gegebenen Verhältnisse treffen können. Vorteile, die das eine System in einer bestimmten Richtung bietet, und die vielleicht dessen Lebensfähigkeit geradezu bedingt haben, können bei einem anderen System nicht vorhanden sein, oder sind dort doch nur durch besondere Anordnungen und unter großen Kosten zu erkaufen. Wie wir sahen, ist aber die Systemfrage eine rein wirtschaftliche, und man wird demjenigen System den Vorzug zu geben haben, das von wirtschaftlichem Standpunkte aus am günstigsten arbeitet, bei dem also die jährlichen Gesamtausgaben ein Minimum oder die Rentabilität der Anlage ein Maximum wird. Ähnlich wie bei der Wahl der Betriebsspannung kann man daher auch hier die Kosten für die verschiedenen Systeme ermitteln und so das wirtschaftlich günstigste System finden. Dabei hat man außerdem zu berücksichtigen, daß nicht nur die vorerst zu erwartenden Betriebsverhältnisse in Betracht zu ziehen sind, sondern daß man eventuell auch mit einer Zunahme des Konsums und einer Änderung der Betriebsverhältnisse zu rechnen hat.

Voraussetzung für eine derartige Rechnung ist aber natürlich, daß die zu vergleichenden Systeme sich tatsächlich auch alle für die gewünschten Zwecke praktisch eignen, d. h., daß sie nach den bisher in der Praxis mit ihnen gemachten Erfahrungen die genügende Garantie für einen sicheren Betrieb bieten. Und so wird die Frage nach der Wahl des Systems vor allen Dingen auch mit von diesem Gesichtspunkte aus zu beantworten sein, und man wird nicht selten und besonders in Fällen, wo Betriebsstörungen erhebliche Verluste zur Folge haben können, dem zwar teureren, aber betriebssicheren System den Vorzug geben.

In erster Reihe wären also die verschiedenen Systeme auf ihre technische Verwendbarkeit hin zu untersuchen und miteinander zu vergleichen. Auf die Vorzüge und Nachteile, die in der Praxis bei den mannigfachen Anwendungen zu Tage getreten sind und die jedem System mehr oder weniger anhaften. Die Wahl des wirtschaftlichsten Systems selbst ist dann, nachdem man die technisch in Betracht kommenden Systeme ausgesucht hat, eine rein rechnerische Frage, die von den einzelnen Firmen vielfach verschieden gelöst werden wird und die uns deshalb hier nicht weiter interessiert. Wir wollen vielmehr im folgenden die Systeme lediglich auf ihre technische Verwendbarkeit hin untersuchen.

Der außerordentliche Vorteil des Wechselstromes im Vergleich zum Gleichstrom liegt bekanntlich in seiner leichten Transformationsfähigkeit, und aus diesem Grunde kommt bei Energieübertragungen auf große Entfernungen eigentlich nur Wechselstrom in Betracht. Der Gleichstrom hat seinerseits vor dem Wechselstromsystem vor allen Dingen das voraus, daß er die Anwendung von Akkumulatoren gestattet, die infolge ihrer Pufferwirkung einerseits eine sehr ökonomische Ausnützung der Anlage durch eine gleichmäßige Belastung ermöglichen und andererseits die Größe der Maschinenanlage sehr erheblich herabdrücken. Handelt es sich also beispielsweise um eine Kraftübertragung auf eine Entfernung von 50 km, so wird man kaum im Zweifel darüber sein können, daß die Hauptstation als Wechselstromanlage auszuführen ist, ebensowenig wie für eine kleinere städtische Trambahnzentrale aus dem oben erwähnten Grunde wohl nur Gleichstrom mit Akkulumatoren in Frage kommen kann. Neben diesem Hauptunterschiede des Gleich- und Wechselstromsystems, wie auch neben denen der einzelnen Gleich- und Wechselstromsysteme unter sich, gibt es natürlich noch eine ganze Reihe anderer Punkte, die zwar im allgemeinen weniger wichtig sind, die aber trotzdem im speziellen Fall für die Wahl eines bestimmten Systems ausschlaggebend sein können. Im folgenden soll deshalb versucht werden, die Vorzüge und Nachteile der einzelnen Systeme für die am häufigsten vorkommenden Fälle klarzulegen.

62. Gleichstromsysteme.

Das Gleichstromsystem findet vor allen Dingen bei allen kleineren und mittleren Anlagen, die in erster Linie zu Beleuchtungszwecken dienen sollen, und bei denen es sich nur um die Bestreichung geringer Flächen handelt, sehr ausgedehnte Verwendung. Bei kleinen Entfernungen mit Spannungen von 65 oder 110 Volt, bei weiteren (bis rund 3 km) als Dreileitersystem mit Spannungen von 2×110 und 2×220 Volt. Dabei ist zu beachten, daß man die Betriebsspannung nicht höher wählt, als mit Rücksicht auf den Spannungsverlust notwendig ist, da die 220voltigen Glühlampen einen um $20\,^0/_0$ höheren Effektverbrauch haben als die 110voltigen, das Glühlicht bei einer Spannung von 220 Volt also $20\,^0/_0$ mehr kostet als bei einer solchen von 110 Volt.

Die Möglichkeit, bei solchen Anlagen Akkumulatoren verwenden zu können, spricht sehr für die Verwendung des Gleichstroms. Denn gerade bei Lichtanlagen, bei denen der Motorenbetrieb nur eine untergeordnete Rolle spielt und bei der infolgedessen das Netz nur wenige Stunden am Tage voll belastet ist, würde die Anlage ohne Akkumulatoren sehr unökonomisch werden. Eine möglichst gleichmäßige Belastung und eine gute Ausnützung der Maschinen ist aber bei jeder Anlage Haupterfordernis, und dies erreicht man im gegebenen Fall nur bei Anwendung von Akkumulatoren.

Ein weiterer Umstand, der dem Gleichstrom bei großen Bogenlichtanlagen sehr zu gute kommt, ist die größere Lichtausbeute. Bei Gleichstrombogenlampen wird das Licht mehr nach unten geworfen, bei Wechselstrombogenlampen verteilt es sich ungefähr gleichmäßig nach allen Richtungen, und infolgedessen geht bei letzteren, besonders im Freien, ein großer Teil des Lichtes verloren. Bei Anlagen in Räumen ist der Unterschied nicht so bedeutend, da hier das Licht von der Decke wieder zurückgeworfen wird. In neuerer Zeit hat man diesen Nachteil der Wechselstrombogenlampe durch Anbringung von Reflektoren innerhalb der Lampe gehoben. Als Nachteil des Gleichstromsystems ist allerdings wieder in Betracht zu ziehen, daß man bei z. B. 220 Volt stets 4 normale Bogenlampen in Serie schalten muß, während man bei Wechselstrom mit Hilfe von Transformatoren auch einzelne Lampen ökonomisch betreiben kann.

Fast ausschließliche Verwendung findet das Gleichstromsystem bei Trambahnanlagen. Erstens infolge der schon eingangs erwähnten Pufferwirkung der Akkumulatoren, die alle beim Trambahnbetriebe unvermeidlichen Stromstöße aufnehmen und so ein ruhiges Arbeiten der Maschinen ermöglichen, zweitens, und dies ist nicht weniger wichtig, weil es bis heute noch keinen Wechselstrommotor gibt, der für den Trambahnbetrieb mit dem Gleichstrommotor erfolgreich konkurrieren könnte. Die vorzüglichsten Eigenschaften des Gleichstrommotors, die ihn gerade für den Bahnbetrieb sehr geeignet machen, sind: Große Anzugskraft, geringer Anlaufstrom, der den normalen Belastungsstrom im allgemeinen nur verhältnismäßig wenig übersteigt, höchstens aber doppelt so groß ist, hohe Überlastungsfähigkeit und ökonomische Regulierung der Geschwindigkeit und Veränderung derselben in weiten Grenzen. Als weiterer Vorzug des Gleichstromsystems kommt hinzu, daß man nur eine Oberleitung nötig hat.

Zu den Nachteilen des Gleichstromsystems für den Straßenbahnbetrieb gehören hauptsächlich die elektrolytischen Wirkungen der vagabundierenden Ströme, die an in der Nähe befindlichen Gas- und Wasserleitungen, wie auch an unterirdischen Eisenkonstruktionen sehr erheblichen Schaden anrichten können. In neuerer Zeit hat man allerdings Mittel und Wege gefunden, die dies mit ziemlicher Sicherheit verhüten oder wenigstens die schädlichen Wirkungen auf ein ungefährliches Minimum reduzieren. Dahin gehören: Möglichst geringe Potentialdifferenz (1 Volt) zwischen Schienen und dem gefährdeten Objekte, genügend starke Rückleitungen und gute Verbindung der Schienen. Als weiterer Nachteil mögen die elektrodynamischen Wirkungen sowohl der vagabundierenden Ströme als auch der Oberleitungsströme und ihre Störungen erwähnt werden, die sie in etwa in der Nähe befindlichen wissenschaftlichen Instituten verursachen können, und die nicht selten bei der Konzessionierung der Grund zu Schwierigkeiten gewesen sind.

Dieselben Eigenschaften, die dem Gleichstrom für den Straßenbahnbetrieb den Vorzug vor dem Wechselstrom geben, empfehlen ihn natürlich auch für andere gleichartige Betriebe. So z. B. für Hafenanlagen mit Kranen und Verladevorrichtungen, wie überhaupt für Hebezeuge. Der intermittierende Betrieb solcher Apparate und die mit ihm verbundenen Stromschwankungen würden es bei einer Wechselstromanlage unmöglich machen, mit derselben Maschine gleichzeitig ein Lichtnetz speisen zu können, außerdem würden bei dem häufigen Leerlauf der Motoren wattlose Ströme im Netz und in den Generatoren entstehen, was einen unnötigen Energieverlust und großen Spannungsabfall bedeutet.

63. Wechselstromsysteme.

Nimmt bei Lichtanlagen das mit Strom zu versorgende Gebiet Dimensionen an, die über die unter Gleichstrom angegebenen Entfernungen hinausreichen, so würde man bei Beibehaltung dieses Systems zu unökonomischen Querschnitten kommen oder gezwungen sein, mehrere Centralen anzulegen und diese auf das Versorgungsgebiet gleichmäßig zu verteilen. Damit würden aber die Anlagewie auch die Betriebskosten außerordentlich wachsen, die Einheitlichkeit des Betriebes würde sehr darunter leiden, und man muß in diesem Fall zum Wechselstrom seine Zuflucht nehmen. Die Möglichkeit, beliebig hohe Spannungen wählen und diese durch keine Wartung erfordernde Apparate relativ billig auf die Glühlampenspannung heruntertransformieren zu können, macht ihn für diese Fälle dem Gleichstrom bei weitem überlegen. Hierzu kommt, daß man für die Glühlampen die niedrigen Spannungen von 110 oder gar nur 65 Volt nehmen kann, bei denen die Lampen einen viel höheren Wirkungsgrad und eine längere Lebensdauer besitzen als bei 220 Volt.

Allerdings wird man auch hier wieder in Betracht zu ziehen haben, daß mit Rücksicht auf die Kupferersparnis eine möglichst hohe Spannung zu wählen ist. Eine mittlere Spannung von 110 Volt wird deshalb im allgemeinen, auch schon mit aus dem Grunde, weil höhere Wechselstromspannungen in Wohnungen nicht ungefährlich sind, für Wechselstromverteilungsleitungen am günstigsten sein.

Unter den verschiedenen Wechselstromsystemen hat sich im Laufe der Zeit das Drehstromsystem als dasjenige herausgebildet, das mit dem Gleichstromsystem am erfolgreichsten konkurrieren kann. Die Gründe hierfür liegen hauptsächlich, abgesehen von den schon angeführten und auch für die übrigen Wechselstromsysteme giltigen darin, daß in Bezug auf den Kupferverbrauch, gleiche Isolationsbeanspruchung als Basis des Vergleiches angenommen, das Drehstromsystem von allen Systemen (auch den Gleichstromsystemen) das billigste ist, und daß der Drehstrommotor in seiner vielseitigen Anwendbarkeit dem Gleichstrommotor wenig nachsteht, ihn für manche Fälle, bei denen z. B. die erforderliche Wartung der Maschine ins Gewicht fällt, dem letzteren sogar überlegen macht.

Der Drehstrommotor verdient für alle stationären Anlagen den Vorzug vor dem Gleichstrommotor. Er erfordert, da er keinen Kollektor hat, nur sehr geringe Wartung, und seine Tourenzahl bleibt bei wechselnder Belastung nahezu konstant. Für den Straßenbahnbetrieb eignet sich, wie wir schon gesehen hatten, am besten der Gleichstrommotor, der sich mit seiner großen Anzugskraft, seinem verhältnismäßig geringen Anlaufstom und seiner ökonomischen Regulierung der Geschwindigkeit, die in weiten Grenzen

verändert werden kann, bei dem häufigen Anfahren und Halten
solcher Wagen, die bald schneller, bald langsamer fahren müssen,
allen Verhältnissen so vorzüglich anpaßt, wie es noch bisher bei
keinem anderen Motor erreicht worden ist. Wo aber diese An-
forderungen an den Motor nur in geringem Maße gestellt werden,
wie bei Voll- und Nebenbahnen, Bergbahnen oder auch für die
Vorortbahnen großer Städte mit sehr langen Strecken und wenig
Haltestellen, wie sie besonders in Amerika häufig sind, da tritt
der Drehstrommotor immer mehr in den Vordergrund. Die neuen
Vollbahnen, die Jungfraubahn, die Bahn Burgdorf-Thun u. s. w.
werden alle mit Drehstrom betrieben, und für den Vorortverkehr
in großen amerikanischen Städten geht man in neuerer Zeit mehrfach vom Gleichstrom- zum Drehstromsystem über. Die Nachteile des
Drehstrommotors, das Fehlen einer praktischen Anlaßmethode und Ge-
schwindigkeitsregulierung ohne nennenswerten Energieverlust, fallen
hier den Vorzügen des Drehstrommotors gegenüber weniger ins Gewicht.

Vergleichen wir die anderen Wechselstromsysteme mit dem
Drehstromsystem, so hatten wir für das verkettete Zweiphasensystem schon auf Seite 49 den Grund kennen gelernt, weshalb
dasselbe bisher in der Praxis wenig Verwendung gefunden hat.
Das unverkettete Zweiphasensystem ist zwar ein symmetrisches
System, hat aber, wie wir im Abschnitt 15 sehen werden, einen so
hohen Kupferverbrauch, daß es mit dem Drehstromsystem nicht erfolgreich konkurrieren kann.

Das Einphasensystem hat im Gegensatz zum Zweiphasen- und
Drehstromsystem bekannlich von Haus aus den Nachteil, daß es
kein Drehfeld besitzt. Durch besondere Konstruktionen (Hilfs-
phase u. s. w.) läßt sich aber ein Drehfeld erzeugen, durch das ein
unbelasteter Einphasenmotor auf Tourenzahl gebracht wird, und
so ist die erste große Wechselstromanlage, die Anlage in Frank-
furt a. Main, die von der Firma Brown, Boveri & Cie gebaut worden ist,
auch als Einphasenanlage ausgeführt worden. Es sind dort ungefähr
500—600 Einphasenmotoren mit einer durchschnittlichen Leistung
von 10 PS. an das Netz angeschlossen. Die Gesamtleistung der Zentrale beträgt ungefähr 12000 KW., die sich folgendermaßen verteilen:

Motoren	3427 KW.
Motorgeneratoren	1726 „
Licht	6482 „
Straßenbeleuchtung	123 „
Zentrale	91 „
	11859 KW.[1]

[1] Vergleiche M. B. Field, Journal of the Institution of electrical
Engineers Vol. XXXI, 1901.

Die Sekundärspannung beträgt 120 Volt bei der Periodenzahl 45. Die Spannungsschwankungen übersteigen nicht $\pm$ 3 Volt. Heutzutage würde für eine solche Anlage wohl kaum das Einphasensystem gewählt werden, nachdem der Drehstrom im allgemeinen mit Ausnahme der wenig ins Gewicht fallenden teureren Schaltanordnung einerseits dieselben Vorteile bietet wie der Einphasenstrom, andererseits aber vor allen Dingen eine größere Stabilität besitzt als der letztere, die Drehstromgeneratoren billiger und leichter sind als die Einphasengeneratoren und außerdem die Drehstrommotoren einen höheren Leistungsfaktor besitzen als die Einphasenmotoren und mit Belastung angelassen werden können. Aus diesen Gründen hat das Drehstromsystem denn auch weitaus am häufigsten Anwendung gefunden.

Über die Kabelkosten bei verschiedenen Systemen hat Mr. M. B. Field[1]) eine Tabelle aufgestellt, die hier wiedergegeben werden mag. Als Basis des Vergleichs wurde ein Drehstrom-Kabel für eine Energieübertragung von 1000 Kilowatt bei einer verketteten Spannung von 6500 Volt und entweder gleiche Spannung für die Isolationsbeanspruchung des Kabels oder gleiche Spannung für die Isolationsbeanspruchung der Generatoren u. s. w. angenommen. Die Kolumnen IV und V geben den Kupferverbrauch an, VIII A und B die ungefähren Kosten für die Ausführung, die natürlich nur eine relative Giltigkeit haben. Die Tabelle zeigt deutlich die Vorteile des Drehstromsystems.

64. Gemischte Systeme.

Bei den gemischten Systemen verwendet man für die Erzeugerstation und die Übertragung (Fernleitung) Wechselstrom (meistens Drehstrom), für die Verteilungsanlage Gleichstrom. Auf diese Weise vereinigt man die Vorzüge beider Systeme und vom rein technischen Standpunkte aus wäre somit das gemischte System im Prinzip dasjenige, das für alle Anwendungen brauchbar und für den allgemeinen Fall das idealste ist. Vom wirtschaftlichen Standpunkte aus aber kann, wie leicht zu ersehen ist, ein solches System doch nur bei großen Anlagen in Frage kommen, bei denen sich die besonderen Ausgaben für die Umformerstationen, für deren besondere Bedienung etc. bezahlt machen.

Für die Umformerstationen[2]) kommen drei verschiedene Fälle in Betracht.

---

[1]) Siehe Fußnote auf vorhergehender Seite.

[2]) Vergleiche Eborall, Journal of the Institution of electrical Engineers Vol. XXX, 1900.

System	I	II	III	IV [1]	V [1]	VI	VII	VIII	
	Verkettete Spannung oder Spannung zwischen den Leitern im Kabel	Phasen-spannung	Linien-strom	Leiter-querschnitt einer Phase in engl. Quadratzoll	Gesamt-Leiter-querschnitt	Spannung einer Phase gegen Erde, also maßgebende Spannung für den Generator, Schaltbrett etc.	Spannung zwischen den Leitern des Kabels, also Isolations-beanspruchung	Kosten pro engl. Meile des verlegten Kabels nebst Verbindungen etc. in Mark	
								A	B
1. Drehstrom, Dreileiterkabel; neutraler Punkt geerdet	6500	3750	89	0,15	0,45	3750	6500	19 500	21 900
2. Konzentrisches Einphasenkabel, Außenleiter geerdet	3750	—	267	0,9	1,8	3750	3750	45 780	43 940
3. Konzentrisches Einphasenkabel, Außenleiter geerdet	6500	—	154	0,3	0,6	6500	6500	23 460	30 580
4. Einphasen, Zweileiterkabel; neutraler Punkt geerdet	6500	3250	154	0,3	0,6	3250	6500	22 240	23 970
5. Einphasen, Zweileiterkabel; neutraler Punkt geerdet	7500	3750	133	0,225	0,45	3750	7500 Isolations-beanspruchung	19 750	21 770
6. Einphasen, zwei besondere Kabel außer geerdetem Mittelleiter . .	7500	3750	133	0,225	0,45	3750	3750	23 010	26 110
7. Zweiphasen, Vierleiterkabel; neutraler Punkt geerdet	6500	3250	77	0,15	0,6	3250	6500	23 100	25 620
8. Zweiphasen, Vierleiterkabel; neutraler Punkt geerdet	7500	3750	66,5	0,1125	0,45	3750	7500	19 340	24 110
9. Zweiphasen, 2 Zweileiterkabel; neutraler Punkt geerdet	6500	3250	77	0,15	0,6	3250	6500	31 420	30 230
10. Zweiphasen, 2 Zweileiterkabel; neutraler Punkt geerdet	7500	3750	66,5	0,1125	0,45	3750	7500	27 580	28 030
11. Drehstrom, Dreileiterkabel	6500	3750	89	0,15	0,45	6500	6500	23 340	23 830
12. Einphasen, Zweileiterkabel	6500	3250	154	0,3	0,6	6500	6500	24 560	26 190
13. Einphasen, 2 Einleiterkabel	6500	3250	154	0,3	0,6	6500	6500	28 970	29 700
14. Zweiphasen; 4 Einleiterkabel	6500	3250	77	0,15	0,6	6500	6500	25 300	28 220
15. Zweiphasen; 2 Zweileiterkabel	6500	3250	77	0,15	0,6	6500	6500	34 520	32 440

(Rows 11–15: neutral. Punkt nicht geerdet)

[1] Vergleiche die Werte auf Seite 142 und 144.

1. **Asynchroner Motor-Generator ohne Transformatoren.** Die Dimensionen der Station resp. der einzelnen Motoren müssen derartig sein, daß der hochgespannte Strom (bis rund 10000 Volt) direkt ohne vorherige Transformation in den Motor eingeführt werden kann. Die Ausrüstung einer solchen Umformerstation besteht dann nur in einem einfachen Anlaßwiderstand für den Rotor. Die Regulierung geschieht auf der Gleichstromseite durch Veränderung der Generator-Erregung.

2. **Synchroner Motor-Generator ohne Transformatoren.** Hier kommt, sobald mehrere Motoren vorhanden sind, noch die Synchronisiervorrichtung hinzu, auch die Anlaßvorrichtungen sind nicht mehr so einfach, da die Motoren nicht selbsterregend sind. Die Erregung geschieht in diesem Falle meistens durch direkt gekuppelte Erregermaschinen oder durch einen besonderen asynchronen Motor.

3. **Rotierende Umformer mit Transformatoren.** Rotierende Umformer kann man bekanntlich nicht direkt mit hochgespanntem Strom betreiben, man hat also besondere Transformatoren nötig. Dadurch wird die ganze Anlage bedeutend komplizierter. Außerdem beschränkt sich die Spannungsregulierung hier nicht wie bei 1 und 2 nur auf die Gleichstromseite, sondern auch auf die Wechselstromseite. Letztere erreicht man durch automatische oder von Hand aus bewirkte Veränderung des Übersetzungsverhältnisses, oder durch einen Induktionsregulator (Drosselspulen), oder auch durch Compoundierung der Umformer und der dadurch möglichen Veränderung des Phasenverschiebungswinkels (s. Seite 158). Je nachdem es sich um eine Licht- oder Kraftstation handelt, wird man eine der beiden ersten Regulierungsarten, oder die letztere, oder auch eine Kombination beider verwenden. Auf die Anlaßvorrichtungen für rotierende Umformer und die mannigfachen Schwierigkeiten, die sonst noch bei solchen Anlagen in Betracht kommen können, sei hier nicht weiter eingegangen.

Die Wahl eines der drei in Betracht kommenden Fälle wird von den jeweiligen Umständen abhängen. Der asynchrone Motor-Generator bietet den Vorzug der Einfachheit sowohl hinsichtlich der Anlage, als auch in Bezug auf den Betrieb. Demgegenüber steht aber ein verhältnismäßig kleiner Wirkungsgrad, besonders bei geringer Belastung, da der Leistungsfaktor mit der Belastung abnimmt und die wattlosen Ströme in den Speiseleitungen zunehmen. Haupterfordernis ist hier daher, daß der Motor stets möglichst voll belastet ist. Man wird deshalb asynchrone Motoren nur bei kleineren Umformerstationen bis 150 KW. verwenden.

Beim **synchronen Motor-Generator** liegen die Verhältnisse

günstiger, trotzdem, wie schon erwähnt, die Ausrüstung etwas komplizierter ist. Der Leistungsfaktor ist höher und bei allen Belastungen nicht verschieden, der Wirkungsgrad der Maschine ist auch etwas höher. Weitere Vorzüge des Synchronmotors, im Gegensatz zum rotierenden Umformer, sind: Außerordentlich sicherer Betrieb, Unabhängigkeit der Spannung auf der Gleichstromseite von den Spannungsschwankungen in den Speiseleitungen.

Die rotierenden Umformer stehen bezüglich des Leistungsfaktors mit dem Synchronmotor ungefähr auf einer Stufe. Bedeutend überlegen sind sie aber hinsichtlich des Wirkungsgrades, und besonders hinsichtlich der Überlastungsfähigkeit und aus diesen Gründen wird man den rotierenden Umformern meistens in allen Fällen, wo sie anwendbar sind, vor den Motor-Generatoren den Vorzug geben. Ihre Anwendbarkeit ist beschränkt durch die Grenze der Periodenzahl (bis 40), innerhalb deren man bei den für Wechselstromanlagen gebräuchlichen Spannungen diese Maschinen bauen kann. Bei höheren Periodenzahlen werden die Kommutierungsverhältnisse sehr ungünstig. Für reine Lichtanlagen, bei denen eine Periodenzahl von 45 — 50 erforderlich ist, kommen deshalb rotierende Umformer kaum in Betracht. Hier ist man vielmehr auf Synchronmotor-Generatoren angewiesen. Für reine Kraftstationen dagegen und für solche, bei denen der Lichtbetrieb nur eine untergeordnete Rolle spielt und man daher eine Periodenzahl von 25 — 30 resp. von 40 anwenden kann, haben die rotierenden Umformer in der Praxis vielfach Verwendung gefunden.

65. Kupferverbrauch der Systeme.

Auf Seite 119 hatten wir gesehen, daß bei einer Energieübertragung, bei der der zu übertragende Effekt, die Entfernung der Übertragung und der prozentuale Energieverlust als gegeben zu betrachten sind, der Kupferquerschnitt dem Quadrat der Spannung umgekehrt proportional ist. Hat man also nach Seite 128 die Höhe der wirtschaftlichen Betriebsspannung gefunden, so erübrigt es hier noch, die einzelnen Systeme, soweit sie nach dem Vorhergesagten für einen bestimmten Fall in Frage kommen, hinsichtlich ihres Kupferverbrauchs[1] miteinander zu vergleichen. Bei größeren Anlagen mit langen Fernleitungen machen ja bekanntlich die Kupferkosten der Leitungen einen so großen Teil der Gesamtkosten

---

[1] Vergleiche Steinmetz, Alternating Current Phenomena, Seite 426.

der Anlage aus, daß der Kupferverbrauch für die Wahl eines Systems mit von entscheidender Bedeutung ist.

Beim Vergleich der einzelnen Systeme untereinander tritt insofern eine Schwierigkeit in den Weg, als ja nicht alle Systeme nur eine Spannung besitzen, vielmehr herrschen bei einigen, wie beim Dreileitersystem oder beim Drehstromsystem mit Sternschaltung in den verschiedenen Stromkreisen verschiedene Potentialdifferenzen. Als Vergleichsbasis muß man daher entweder die maximale Spannung des Systems oder die minimale Spannung, d. h. die Spannung pro Stromkreis oder Phase annehmen.

Letzteres wird man in solchen Fällen tun, bei denen, wie bei Niederspannungs-Verteilungsleitungen für Beleuchtungszwecke, lediglich die minimale Potentialdifferenz in Frage kommt, insofern, als sie durch die Verbrauchsapparate wie z. B. Glühlampen bedingt ist. Die maximale Potentialdifferenz wird dagegen immer dort als Basis des Vergleichs zu gelten haben, wo die Isolation der Leitungen für höhere Spannungen mit Schwierigkeiten und besonderen Kosten verknüpft oder wo, wie bei Straßenbahnanlagen, die Höhe der Spannung durch die Rücksicht auf die eventuelle Lebensgefahr bestimmt ist.

a) **Vergleich auf Grund gleicher minimaler Potentialdifferenz.**

Es sei $E = $ EMK des Einphasensystems, also die minimale Potentialdifferenz, $J = $ Strom, $r = $ Widerstand pro Leitung. Es ist dann der Gesamteffekt $P = EJ$ ($\cos \varphi = 1$ angenommen), der Effektverlust $W = 2 J^2 \cdot r$.

Beim **Dreileitersystem** ist E unserer Annahme entsprechend die Potentialdifferenz zwischen Außenleiter und Mittelleiter. Die Spannung zwischen den beiden Außenleitern, bei der die Verteilung stattfindet, ist aber gleich $2 E$. Für den praktisch nicht in Frage kommenden Fall, daß der Mittelleiter keinen Querschnitt hat, würde also — gleicher Effekt und Effektverlust stets vorausgesetzt — nur ein Viertel oder $25\,^0/_0$ der Kupfermenge des Einphasensystems erforderlich sein. Hat der Mittelleiter den Querschnitt eines Außenleiters, so beträgt die gesamte Kupfermenge $\dfrac{3}{8}$ oder $37,5\,^0/_0$, bei halbem Mittelleiterquerschnitt $\dfrac{5}{16}$ oder $31,25\,^0/_0$ des Einphasensystems.

Beim **Dreiphasensystem mit Dreieckschaltung** (Seite 50) ist die für unsern Vergleich in Betracht kommende Spannung die Spannung zwischen zwei Leitern. Ist J_p der Phasenstrom und J_v der

Strom pro Leitung, so ist $J_p = \dfrac{J_v}{\sqrt{3}}$ und der Gesamteffekt des Systemes ist gleich $\sqrt{3} \cdot J_v \cdot E$. Soll dieser Gesamteffekt der gleiche wie beim Einphasensystem sein, so muß $J_v = \dfrac{J}{\sqrt{3}}$ sein. Der Widerstand eines Leiters beim Drehstromsystem sei $R_\varDelta$, beim Einphasensystem R. Der Effektverlust pro Leitung ist dann $J_v^2 R_\varDelta = \dfrac{J^2}{3} \cdot R_\varDelta$, der Gesamtverlust somit beim Dreiphasensystem mit $\varDelta$ Schaltung $J^2 R_\varDelta$, während er beim Einphasensystem gleich $2 J^2 R$ ist. Damit der Effektverlust für beide Systeme gleich groß werde, muß $R_\varDelta = 2 R$ sein. Somit erfordert das Dreiphasensystem mit $\varDelta$ Schaltung bei derselben Effektübertragung, demselben Effektverlust und derselben Spannung nur $\dfrac{3}{4}$ der Kupfermenge des Einphasensystems.

Beim Dreiphasensystem mit Sternschaltung ist die verkettete Spannung oder die Spannung zwischen zwei Außenleitern, bei der die Verteilung stattfindet, $\sqrt{3}$ mal der Phasenspannung, d. h. derjenigen Spannung, die für die eingeschalteten Lampen u. s. w. maßgebend ist. Die Spannung des Systems ist also $\sqrt{3}$ mal höher als beim Dreiphasensystem mit Dreieckschaltung, d. h. es ist nur $\dfrac{1}{3}$ der Kupfermenge in den Außenleitern erforderlich wie bei der Dreieckschaltung oder $\dfrac{1}{3} \cdot \dfrac{3}{4} = \dfrac{1}{4}$ des Einphasensystems. Hat der neutrale Leiter den Querschnitt eines Außenleiters, so wächst die gesamte Kupfermenge um $\dfrac{1}{3}$, also von 25 auf 33,3 $^0/_0$ der Kupfermenge des Einphasensystems, bei halbem Querschnitt des neutralen Leiters entsprechend um $\dfrac{1}{6}$ oder auf 29,17 $^0/_0$.

Das unverkettete Zweiphasensystem (Seite 48) besteht aus zwei Einphasensystemen, deren EMKe um 90^0 gegeneinander verschoben sind, und hat folglich auch denselben Kupferverbrauch wie das Einphasensystem.

Beim verketteten Zweiphasensystem (Seite 48) ist die für unsern Vergleich in Betracht kommende Spannung die Spannung zwischen Außen- und Mittelleiter. Bezeichnen wir den in den Außenleitern fließenden Strom mit J_2 und mit R_2 den Widerstand pro Außenleiter. Für den günstigsten Fall, daß in allen Leitern die gleiche Stromdichte sei, wird der Strom des Mittelleiters $J_2 \sqrt{2}$ und der Widerstand desselben $\dfrac{R_2}{\sqrt{2}}$. Der Effektverlust pro Außenleiter ist $J_2{}^2 R_2$ und der des Mittelleiters $\dfrac{2\,J_2{}^2 R_2}{\sqrt{2}} = J_2{}^2 R_2 \sqrt{2}$. Der Gesamteffektverlust des Systems ist also $2\,J_2{}^2 R_2 + J_2{}^2 R_2 \sqrt{2} = J_2{}^2 R_2\,(2 + \sqrt{2})$. Der pro Stromkreis übertragene Effekt ist $J_2 E$, der gesamte Effekt also $2 \cdot J_2 E$, der gleich dem des Einphasensystems sein soll, und es muß somit $J_2 = \dfrac{J}{2}$ und der Effektverlust $\dfrac{J^2 R_2\,(2 + \sqrt{2})}{4}$ sein. Dieser Verlust soll wieder gleich dem Verlust $2\,J^2 R$ des Einphasensystems sein, es muß also $2\,R = \dfrac{R_2\,(2 + \sqrt{2})}{4}$ oder $R_2 = \dfrac{8\,R}{2 + \sqrt{2}}$ sein. Jeder Außenleiter muß demnach $\dfrac{2 + \sqrt{2}}{8}$ mal und der Mittelleiter $\sqrt{2}$ mal so groß sein als ein Einphasenleiter. Der Gesamtkupferquerschnitt des verketteten Zweiphasensystem im Vergleich zum Einphasensystem verhält sich somit wie

$$\frac{2\,(2 + \sqrt{2})}{8} + \frac{(2 + \sqrt{2})\sqrt{2}}{8} : 2 \quad \text{oder er beträgt } 72{,}9\,^0/_0.$$

Zusammenstellung der gefundenen Werte.

2 Leiter: Einphasensystem 100
3 Leiter: Dreileitersystem mit vollem Mittelleiterquersehnitt 37,5
         Dreileitersystem mit halbem Mittelleiterquerschnitt 31,25
         Verkettetes Zweiphasensystem 72,9
         Dreiphasensystem ($\triangle$ Schaltung) 75,0
4 Leiter: Dreiphasensystem (λ Schaltung) mit vollem Mittelleiterquerschnitt 33,33
         Dreiphasensystem (λ Schaltung) mit halbem Mittelleiterquerschnitt 29,17
         Unverkettetes Zweiphasensystem 100

Die Zusammenstellung zeigt, daß in solchen Fällen, wo es nur auf die minimale Spannungsdifferenz ankommt, also für Beleuchtungszwecke das Dreileitersystem allen anderen Systemen mit gleicher Leiterzahl überlegen ist. Vorausgesetzt ist außerdem, daß die beiden Systemhälften symmetrisch belastet sind (s. Seite 107).

b) **Vergleich des Kupferverbrauchs auf Grund gleicher maximaler Spannungsdifferenz.** Wie schon erwähnt, kommt die maximale Spannungsdifferenz dann in Betracht, wenn die

Isolation der Leitungen bei höheren Spannungen schwieriger und kostspieliger wird, oder auch in solchen Fällen, wo auf eventuelle Lebensgefahr Rücksicht zu nehmen ist. Bei allen Fernleitungs- und Kraftverteilungsanlagen wird man also als Vergleichsbasis die maximale Spannung des Systems zu nehmen haben.

Das Gleichstromsystem kommt für hohe Spannungen nicht in Frage (vergl. Seite 132), das Dreileitersystem scheidet deshalb aus der Reihe der zu vergleichenden Systeme von vornherein aus.

Beim Dreiphasensystem mit $\triangle$ Schaltung haben wir nur eine Spannung, der Kupferverbrauch bleibt hier somit derselbe im Vergleich zu dem des Einphasensystems wie unter a.

Das Dreiphasensystem mit λ Schaltung kommt für Fernleitungen nicht in Betracht, sondern man wird gerade aus Rücksicht auf die Spannung stets $\triangle$ Schaltung anwenden.

Für das unverkettete Zweiphasensystem ist dieselbe Kupfermenge erforderlich wie für das Einphasensystem, da es aus zwei Einphasensystemen besteht.

Das verkettete Zweiphasensystem hat als Maximalspannung die Spannung zwischen den beiden Außenleitern, die gleich $\sqrt{2}$ mal der Spannung zwischen Außen- und Mittelleiter ist. Soll diese Maximalspannung E_2 gleich der Spannung des Einphasensystems sein, so muß die Spannung zwischen Außen- und Mittelleiter gleich $\dfrac{E}{\sqrt{2}}$ sein. Die entsprechenden Ströme im Außen- und Mittelleiter sind dann $J_2 = \dfrac{J}{\sqrt{2}}$ resp. $J_2\sqrt{2} = J$. Bezeichnen wir den Widerstand pro Außenleiter mit R_2, so ist der des Mittelleiters $\dfrac{R_2}{\sqrt{2}}$ und der gesamte Effektverlust des Systems

$$2\,J_2{}^2\,R_2 + \frac{J_2{}^2\,2\,R_2}{\sqrt{2}} = J_2{}^2\,R_2\,(2 + \sqrt{2}) = J^2\,R_2\,\frac{2 + \sqrt{2}}{2}$$

der gleich $2\,J^2\,R$ sein muß, und es ist somit

$$R_2 = \frac{4\,R}{2 + \sqrt{2}}$$

oder jeder Außenleiter muß $\dfrac{2 + \sqrt{2}}{4}$ mal und der Mittelleiter

$\dfrac{2+\sqrt{2}}{4}\sqrt{2}$ mal soviel Kupfer als ein Einphasenleiter. Ausgerechnet ergibt dies $145,7\,^0/_0$.

Zusammenstellung der Werte:

2 Leiter: Einphasensystem 100
3 Leiter: Dreiphasensystem 75
     Verkettetes Zweiphasensystem 145,7
4 Leiter: Unverkettetes Zweiphasensystem 100

Elftes Kapitel.

Regulierung.

66. Prinzip der Regulierung. — 67. Prüfdrähte. — 68. Andere Methoden zur Bestimmung der Sekundärspannung. — 69. Allgemeine Regulierungsmethoden. — 70. Spezielle Regulierungsmethoden für Wechselstromanlagen. — 71. Regulierung durch wattlose Ströme.

66. Prinzip der Regulierung.

Wie wir auf Seite 36 gesehen hatten, konzentriert sich die Regulierung der gesamten Leitungsanlage auf die Konstanthaltung der Speisepunktspannung, und es war schon erwähnt worden, daß die sog. Prüfdrähte oder Meßleitungen diese Regulierung vermitteln, indem sie gestatten, in der Zentrale direkt die Spannung der Speisepunkte resp. die Spannung des Niederspannungsnetzes zu messen.

Die ideale Lösung der Frage, wie man die Spannung der Speisepunkte resp. des Niederspannungsnetzes für alle Belastungen konstant halten kann, wäre natürlich die, daß man die Generatoren, Transformatoren und Speiseleitungen für einen so geringen Spannungsabfall zwischen Leerlauf und Volllast dimensionierte, daß eine Nachregulierung nicht nötig, die ganze Anlage also selbstregulierend wäre. Dies ist aber praktisch mit Rücksicht auf die hohen Kosten einer solchen Anlage nicht durchführbar, sondern im allgemeinen werden nur wenige Teile selbstregulierend sein können. Stets selbstregulierend muß die Anlage von den Konsumstellen bis zu den Speisepunkten sein, d. h. in Bezug auf die Verteilungsleitungen.

Nicht selbstregulierend sind im allgemeinen die Transformatoren, Speiseleitungen und Generatoren, und der Spannungsabfall in diesen Teilen muß deshalb durch besondere Regulierungsmethoden, die in diesem Kapitel beschrieben werden sollen, kompensiert werden. Zuerst seien

noch die wichtigsten Anordnungen zur Messung der Speisepunktspannung angegeben.

67. Prüfdrähte.

Die Prüfdrähte werden am häufigsten zu diesem Zwecke angewendet, besonders bei kleineren Entfernungen. Sie verbinden
die Speisepunkte mit einem Voltmeter in der Zentrale, sind also
Niederspannungsleitungen. Da der in ihnen auftretende Spannungsverlust entsprechend dem Strom des Instruments und der
Länge der Leitung nicht unbedeutend sein kann, so muß das Voltmeter einen hohen Widerstand haben und wird am besten mit den
Prüfdrähten zusammengeaicht. Verwendet man ein statisches Voltmeter, so kommt natürlich der Spannungsverlust in der Meßleitung
gar nicht in Betracht, da ein solches Instrument bekanntlich keinen
Strom verbraucht.

Je nach dem Charakter des Verteilungsnetzes können die Prüfdrähte nicht nur zu Speisepunkten, sondern auch zu Hauptkonsum-
orten geführt werden. So wird man für besonders stark belastete
Punkte des Netzes, wie z. B. für Theater oder für einen großen
Festsaal, besondere Meßleitungen haben, um hier die Spannung
direkt kontrollieren zu können. Dabei können alle Prüfdrähte auf
den gleichen Widerstand abgeglichen werden; es genügt dann, ein
Voltmeter mit entsprechendem Umschalter zur Messung der Spannung
an allen Punkten.

Besondere Prüfdrähte für stark belastete Punkte werden
aber doch nur dort geführt werden können, wo es sich, wie bei
Gleichstromanlagen, um geringe Entfernungen handelt und die Ausgaben für diese Annehmlichkeit im Verhältnis zu den ganzen Kosten
der Anlage kaum ins Gewicht fallen. Bei Energieübertragungen
auf größere Entfernungen wird man mit der Verwendung von
Prüfdrähten sparsamer sein und diese nur zu den wenigen Speisepunkten des Hochspannungsnetzes führen, das dann dementsprechend
für einen sehr geringen Spannungsabfall zu dimensionieren ist. Bei
großen Entfernungen verzichtet man auf die Prüfdrähte ganz und
wählt andere Anordnungen, die die Meßleitungen vollkommen ersetzen und billiger sind. Natürlich wird man in jedem Fall zu
prüfen haben, ob dies auch wirklich so ist, denn die Kosten
für den Strom, den die Apparate verbrauchen etc., können
manchmal bedeutend sein, so daß eine Nachrechnung hier ge-
boten ist.

Im folgenden sollen die gebräuchlichsten Methoden beschrieben
werden.

68. Andere Methoden zur Bestimmung der Sekundärspannung.

Das Stationsvoltmeter V (Fig. 130) ist in Serie geschaltet mit den Sekundärwicklungen von zwei Transformatoren T_1 und T_2. Die Primärwicklung des Transformators T_1 ist zwischen die Speiseleitungen L_1 und L_2 geschaltet, während diejenige von T_2 vom gesamten Strom der Fernleitungen durchflossen wird. Die Sekundär-Windungen der beiden Transformatoren sind im Stromkreise des Voltmeters gegeneinander geschaltet, und der Widerstand R ist so abgeglichen, daß durch die Sekundärwindungen des Transformators T_2 zwischen den Punkten a und b eine Spannungsdifferenz erzeugt wird, die gleich dem Spannungsabfall in der Speiseleitung ist. Infolgedessen mißt man im Voltmeter die Speisepunktspannung.

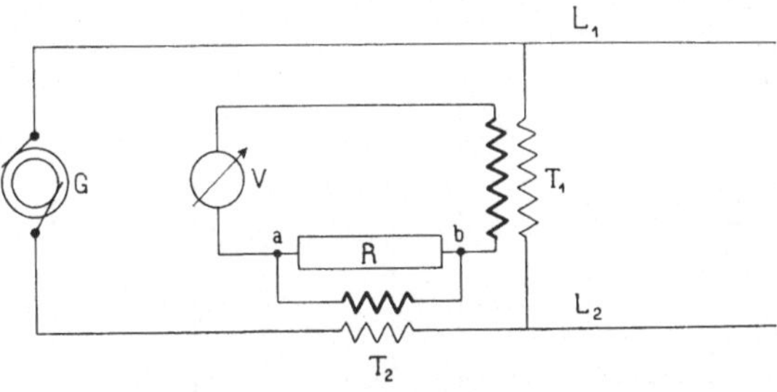

Fig. 130. Methode zur Bestimmung der Speisepunktspannung ohne Prüfdrähte.

Eine oft verwendete Anordnung beruht darauf, daß man aus der Stromstärke und dem bekannten Widerstande der Fernleitungen den Spannungsabfall empirisch bestimmen kann. Man bringt dann auf dem Ampèremeter zwei verschiedene Skalen an, von denen die eine wie gewöhnlich die Stromstärke und die andere die dazu gehörige Spannung der Zentrale resp. den Spannungsverlust der Leitung angibt.

Eine andere Methode, die darin besteht, daß man ein Voltmeter compoundiert, stammt bereits aus dem Jahr 1882 von Hopkinson. Die Compoundierung kann aber natürlich bei Instrumenten, die nach dem D'Arsonval-Prinzip gebaut sind, also auch bei den vielgebrauchten Weston-Voltmetern, nicht angewendet werden.

B. Field[1]) hat deshalb einige Methoden angegeben, für die jedes beliebige Voltmeter benutzt werden kann, und die die Meßleitungen überhaupt für alle Fälle ersetzen sollen. Sie gestatten nicht nur, wie wir sehen werden, die Spannung an den Speisepunkten selbst zu bestimmen, sondern sie bieten außerdem noch

---

[1]) Vergleiche Journal of the Institution of the Electrical Engineers, Vol. XXX No. 149, S. 567 u. f.

den großen Vorteil, die mittlere Spannung einer beliebig großen Anzahl von Speisepunkten zu messen. Dies ist sehr wertvoll; denn es wird in der Zentrale meistens nur darauf ankommen, die mittlere Netzspannung konstant zu halten oder die mittlere Spannung einer bestimmten Anzahl von Speisepunkten zu einer bestimmten Tageszeit, wie z. B. der Speisepunkte für den Geschäftsteil der Stadt am Abend u. s. w., zu messen.

In Fig. 131 seien SS die Sammelschienen, A, B und C die drei Speiseleitungen einer Gleichstromanlage. V ist ein Voltmeter, U der dazu gehörige Umschalter mit vier Kontakten. Ist r_1 der $n$te Teil

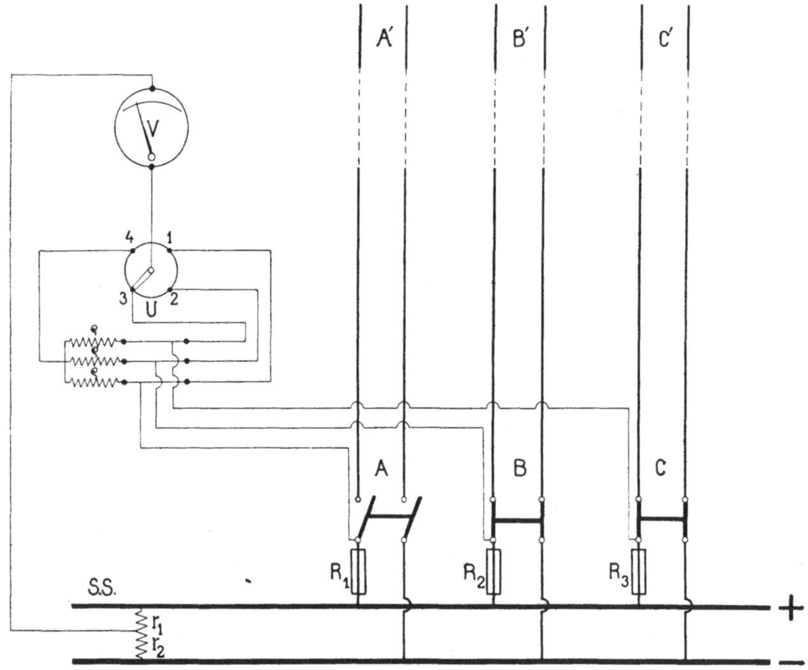

Fig. 131. Anordnung zur Bestimmung der Speisepunktspannung.

des den Sammelschienen parallelgeschalteten Widerstandes $(r_1 + r_2)$, so wird der durch r_1 verursachte Spannungsabfall gleich $\dfrac{1}{n}$ der Sammelschienenspannung sein. Ist ferner der in Serie geschaltete Widerstand R_1 der $\left(\dfrac{1}{n-1}\right)$ Teil des Gesamtwiderstandes der Speiseleitung A (für Hin- und Rückleitung), so wird der Potentialabfall im Widerstand R_1 gleich $\dfrac{1}{n}$ des totalen Potentialabfalles in der Speiseleitung sein. Das Voltmeter mit dem Umschalter auf dem

Kontakt 1 mißt also z. B. den $n$ten Teil der Sammelschienenspannung weniger den $n$ten Teil des gesamten Spannungsabfalls in der Speiseleitung, d. h. den $n$ten Teil der Spannung am Speisepunkte A'. Die Kontakte 2 und 3 entsprechen den Speiseleitungen B und C, der Kontakt 4 dagegen der mittleren Spannung an den Enden aller drei Speiseleitungen. Für den letzten Fall, daß der Kontakt sich auf dem Punkt 4 befindet, sind die drei Widerstände ϱ vorgesehen, die so groß sein müssen, daß ein in Rücksicht zu ziehender Potentialausgleich zwischen den einzelnen Speiseleitungsstromkreisen nicht stattfindet.

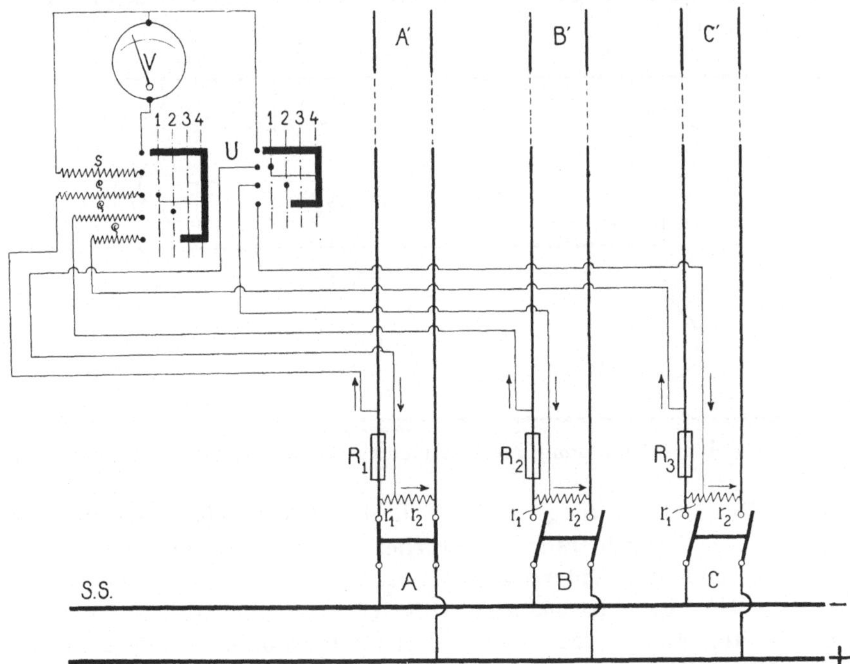

Fig. 132. Anordnung zur Bestimmung der Speisepunktspannung.

Die Anordnung der Fig. 131 hat den Nachteil, daß die Spannung am Ende einer Speiseleitung nur dann gemessen werden kann, wenn die Speiseleitung auch eingeschaltet ist, ebenso die mittlere Spannung nur für den Fall, daß alle drei Speiseleitungen eingeschaltet sind. In Fig. 132 ist dieser Übelstand vermieden worden. Die Anordnung ist ganz analog der in Fig. 131 gegebenen und aus der Zeichnung ohne weiteres verständlich. Der Umschalter der Fig. 131 ist hier ersetzt durch einen Zylinderumschalter nach Art der Trambahnkontroller und der Übersichtlichkeit halber in eine Ebene abgewickelt gedacht. s ist ein Nebenschlußwiderstand für das Voltmeter für den Kontakt 4. Ist r der Widerstand des Voltmeters und m die Anzahl der Speiseleitungen, so müssen die Konstanten des Voltmeters für alle Werte, die m annehmen kann, angegeben sein. Der Nebenschlußwiderstand des Voltmeters muß, um dieselbe Skala und das Instrument bei der größten Empfindlichkeit benutzen zu können, so variierbar sein, daß s immer gleich $\dfrac{r}{m-r}$ ist.

Fig. 133 zeigt eine analoge Anordnung für das Dreileitersystem, wenn im Außen- und Mittelleiter verschiedene Ströme fließen und die Netzspannung zwischen diesen beiden Leitern gemessen werden

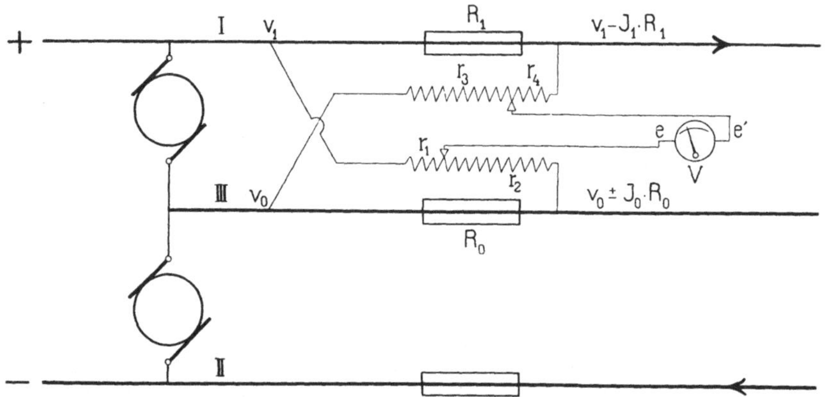

Fig. 133. Anordnung zur Bestimmung der Speisepunktspannung.

soll. Die Meßschaltung ist ähnlich der früher angegebenen, nur müssen die Seriewiderstände natürlich in alle drei Leiter geschaltet werden und die Widerstände r_1, r_2 u. s. w. nach Art der Weatstoneschen Brückenschaltung (Fig. 134) so angeordnet sein, daß das Voltmeter den resultierenden Spannungsabfall zwischen Außen- und Mittelleiter mißt.

In Fig. 134 seien die durch die Widerstände R_1 und R_0 verursachten Potentialabfälle durch entgegengesetzte EMKe ersetzt gedacht. Dann wird, wenn die Widerstände r_1, r_2, r_3 und r_4 nicht ausgeglichen sind, im Voltmeter ein Strom fließen, der proportional ist $[v_1 - v_0 (\alpha J_1 R_1 + \beta J_0 R_0)]$. Werden die Koeffizienten α und β so gewählt, daß αR_1 gleich dem Widerstand des äußeren Leiters und βR_0 gleich dem des Mittelleiters ist, so gibt das Voltmeter die Speisepunktspannung zwischen Außen- und Mittelleiter an. Bei dieser Methode ist es von Wichtigkeit, ein besonders empfindliches Instrument zu verwenden, um den Verlust in den Nebenschlußwiderständen r_1, r_2 etc. auf ein Minimum zu reduzieren.

Will man wieder die mittlere Spannung von mehreren Speisepunkten messen, so ist dazu der in Fig. 133 angegebene Umschalter mit Nebenschlußwiderstand erforderlich. Die Widerstände ϱ sind jedoch in diesem Falle nicht erforderlich, da die Widerstände r_1, r_2 ... schon einen nennenswerten Potentialausgleich zwischen den einzelnen Stromkreisen verhindern.

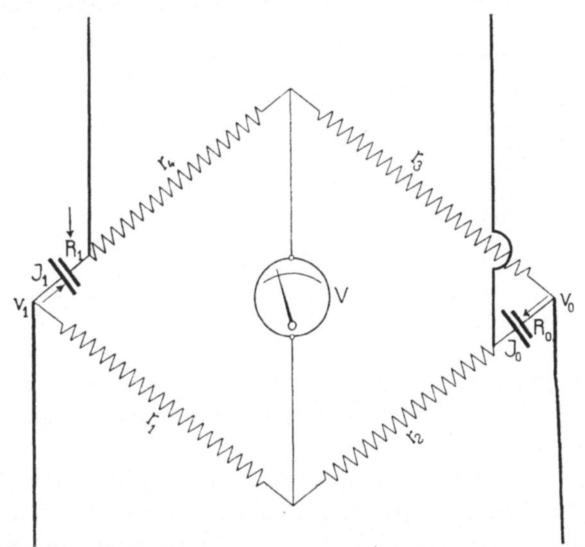

Fig. 134. Schematische Schaltung der Messanordnung von Fig. 133.

Die bisher angegebenen Methoden von Field sind nur bei Gleichstrom anwendbar, da nur der Ohmsche Spannungsverlust der Leitung berücksichtigt wird. Bei Wechselstromleitungen muß zu dem Ohmschen Widerstand R noch ein induktiver Widerstand hinzukommen, der die Selbstinduktion der Leitung in gleichem Verhältnis berücksichtigt wie R den Ohmschen Widerstand derselben. Oder man kann direkt einen bestimmten Teil der Fernleitungen als Widerstand benutzen und von dem entsprechenden Punkte der Fernleitung einen Prüfdraht zum Voltmeter zurückführen. Diese Anordnung, die in Fig. 135 dargestellt ist, gewährt den Vorteil, daß bei ihr auch die atmosphärischen Einflüsse auf den Widerstand der Leitung mit berücksichtigt werden. Die Widerstände r_1 und r_2 sind hier durch die Kondensatoren k_1 und k_2, das Voltmeter durch ein elektrostatisches Voltmeter $St. V.$ mit dem Meßbereich von 100 Volt ersetzt worden. Ist $R \cdot l$ beispielsweise $\dfrac{1}{100 - 1}$ der Fernleitung, so muß k_2 gleich $\dfrac{1}{100}\,(k_1 + k_2)$ sein. Die Kapazität des Kondensators k_2 macht man ungefähr gleich der maximalen Kapazität des Voltmeters.

Dabei ist aber zu berücksichtigen, daß k_2 beinahe die ganze Spannung zwischen den Speiseleitungen auszuhalten hat und dementsprechend konstruiert sein muß. Verwendet man, wie hier, einen Teil der Fernleitung als Seriewiderstand und demgemäß eine Meßleitung, so muß die letztere gegen die induktiven Einflüsse der

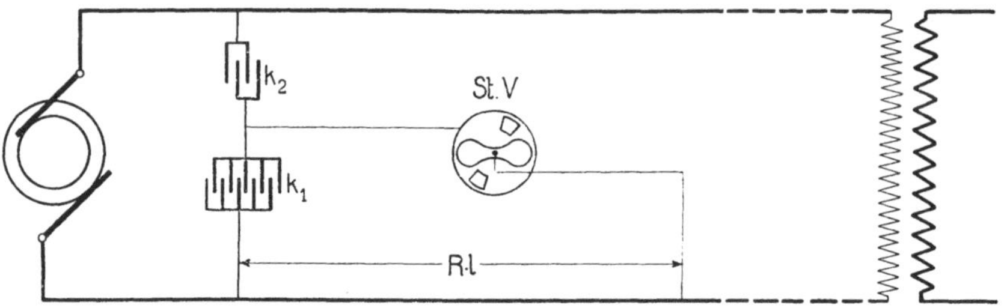

Fig. 135. Messung der Speisepunktspannung mit Hilfe von Kapazität.

Fernleitung geschützt sein resp. so gelegt werden, daß sich die induktiven Einflüsse der Fernleitung auf den Prüfdraht für dessen ganze Länge aufheben.

Da bei Wechselstromanlagen die Sekundärklemmen des Transformators die Speisepunkte bedeuten, an denen die Spannung gemessen werden soll, so muß bei der Bemessung des Seriewiderstandes R_1 resp. $R \cdot l$ sowohl der Ohmsche als auch der induktive Widerstand des Transformators mit berücksichtigt werden.

69. Allgemeine Regulierungsmethoden.

Die Regulierung der nicht selbstregulierenden Teile einer Anlage kann durch Veränderung der Generatorspannung oder durch Einschalten von spannungserhöhenden Apparaten in die Speiseleitungen erfolgen. Die erstere Art, die Regulierung der Generatoren, die also den gesamten Spannungsabfall aller nicht selbst regulierenden Teile kompensieren muß, geschieht entweder durch Compoundierung oder durch Veränderung der Erregung von Hand oder mit Hilfe von automatischen Regulatoren. Für Wechselstromgeneratoren bewirkt man die Compoundierung bekanntlich durch eine direkte oder indirekte Umformung eines Teiles des Wechselstromes in Gleichstrom, der dann dem Feldsystem des Wechselstromgenerators zugeführt wird. Bis jetzt hat aber die Compoundierung von Wechselstromgeneratoren keine große Bedeutung erlangt, da alle bisher

bekannten Vorrichtungen sehr kompliziert sind und auch meistens
nicht gut funktionieren.

Die Veränderung der Erregung erreicht man durch Einschalten
eines regulierbaren Widerstandes in die Erregung, und zwar bei
Wechselstrommaschinen entweder in die Erregung der Erregermaschine oder in die des Generators, also in den Hauptschluß-
stromkreis der Erregermaschine. Beide Regulierungen können von
Hand oder automatisch erfolgen.

Das Gemeinsame der meisten automatischen Regulierungen
für Gleichstrommaschinen liegt darin, daß die Prüfdrähte nicht

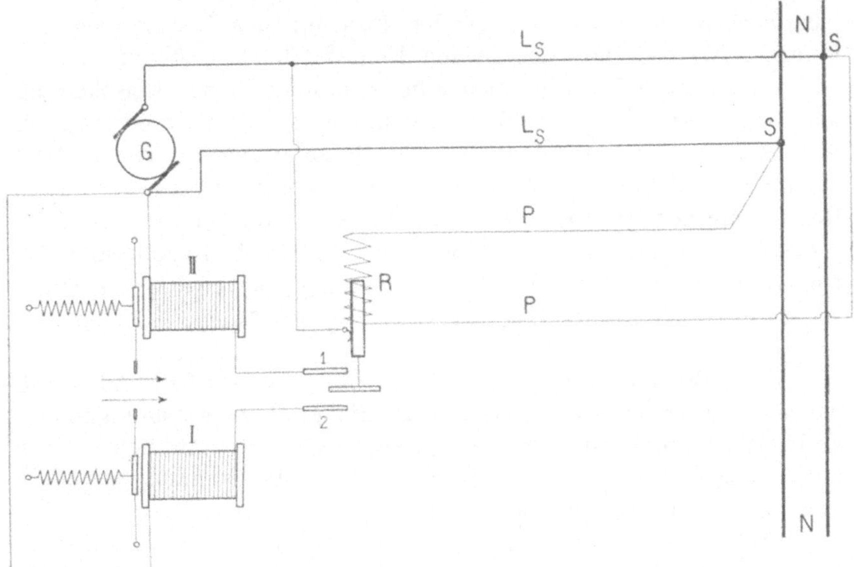

Fig. 136. Schema für die automatische Regulierung der Speisepunktspannung.

zu einem Voltmeter, sondern zu einem sogenannten Relais führen,
das gewöhnlich aus einem Elektromagneten von hohem Widerstande
besteht. Der durch ihn fließende Strom ist ein Maß für die Spannung des Speisepunktes und bewirkt die Regulierung. Die konstruk-
tiven Ausführungen sind sehr mannigfach und sollen hier nicht
wiedergegeben werden. Es sei dafür auf das Buch von Heim[1])
verwiesen. Das Prinzip ist bei allen Anordnungen im großen und
ganzen dasselbe und sei im folgenden kurz erläutert.

In Fig. 136 sind S die Speisepunkte des Netzes N, P die Prüfdrähte und R das Relais.

---

[1]) Beleuchtungsanlagen von Prof. Heim, Seite 297 u. f.

In letzterem befindet sich ein hohler Eisenkern, der je nach der Stärke des den Elektromagneten durchfließenden Stromes der Prüfdrähte mehr oder weniger in den Magneten hineingezogen und durch die Gegenkraft eines Gewichtes oder einer Feder im Gleichgewicht gehalten wird. Der Fortsatz am unteren Teile des Eisenkernes bewegt sich zwischen den beiden Kontaktflächen 1 und 2, bei deren Berührung er, wie aus der Figur ersichtlich, einen Stromkreis mit einem der beiden Elektromagneten I und II einschaltet. Letztere setzen ihrerseits wieder ein mechanisches Triebwerk in Bewegung, das die Erregung der Maschine so lange verstärkt oder verringert, bis am Speisepunkt die normale Spannung wieder erreicht ist. Der Eisenkern muß natürlich so einreguliert sein, daß bei richtiger Speisepunktspannung der Fortsatz des Eisenkernes sich in der Mitte zwischen den beiden Kontaktflächen befindet.

Eine andere Regulierungsmethode besteht in der Einschaltung von besonderen Regulierwiderständen, sog. Feederrheostaten, in den Anfang der Speiseleitung. Die Regulierung geschieht dann ebenfalls von Hand oder automatisch. Voraussetzung für diese Regulierungsart ist natürlich, daß die Spannung an den Sammelschienen konstant ist. Sie ersetzt also nicht die Regulierung des Generators. Außerdem hat die Verwendung solcher Regulierwiderstände den großen Nachteil, daß sie für die Anlage sehr unökonomisch ist.

Bei Gleichstromanlagen kann man diesen Übelstand durch Anwendung von Zusatzmaschinen, die in die Speiseleitungen eingeschaltet werden, vermeiden. Zusatzmaschinen verbrauchen zwar auch Energie, geben aber dadurch, daß sie die Spannung erhöhen, den größten Teil wieder ans Netz ab.

Bei Wechselstromanlagen kommen noch Drosselspulen in Betracht, die aber denselben Nachteil haben wie die Feederrheostate und bei Luftleitungen mit geringer Kapazität die Generatoren zu sehr mit wattlosen Strömen belasten. Nur bei Kabelnetzen, also Leitungen mit großer Kapazität, kann man Drosselspulen vorteilhaft verwenden.

Weit besser ist es, den Spannungsabfall durch sog. Zusatztransformatoren auszugleichen. Diese Regulierungsart, die gleichzeitig von Stillwell in Amerika und Kapp[1]) in England angegeben wurde, ist in Fig. 137 dargestellt. S bedeuten die Sammelschienen in der Zentrale, L die Speiseleitung, T einen gewöhnlichen Transformator, T_z den Zusatztransformator, dessen Primärwicklung an die Sammelschienen angeschlossen ist. Die Sekundärwicklung

---

[1]) Siehe Kapp, Transformatoren 206 u. f.

des letzteren ist in die Speiseleitung eingeschaltet und besteht aus
mehreren Unterabteilungen, die mit Hilfe des Hebels H ein- und
ausgeschaltet werden können und die Spannung in der Speiseleitung
erhöhen oder vermindern. Diese Sekundärwicklung muß natürlich
so bemessen sein, daß bei der obersten Stellung des Hebels H der

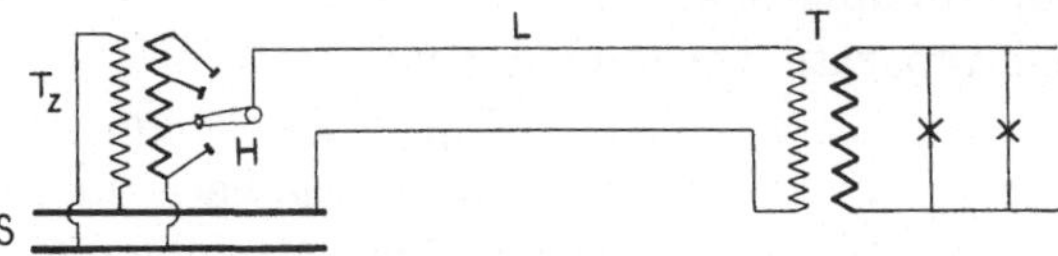

Fig. 137. Regulierung der Speisepunktspannung durch Zusatztransformator.

maximal auftretende Spannungsverlust kompensiert wird, und die
unterste Stellung des Hebels, bei der sämtliche Windungen ausgeschaltet sind, würde der geringsten Belastung entsprechen. Durch
Zuschalten von Windungen kann dann jeder bei den verschiedenen
Belastungen auftretende Spannungsabfall ausgeglichen werden.

Dadurch, daß der ganze Belastungsstrom den Schaltapparat
passieren muß, wird die Betriebssicherheit dieser Anordnung sehr
vermindert; denn der Transformator T muß auch ausgeschaltet
werden, sobald die Regulierung versagen sollte, was nicht ausgeschlossen ist. Um diesen Übelstand zu beseitigen, hat Kapp
noch eine andere Anordnung vorgeschlagen, die in Fig. 135 wiedergegeben ist.

Die Regulierung ist hier in die Primärwicklung verlegt und
die ganze Sekundärwicklung in die Speiseleitung eingeschaltet. Da

$$E = 4{,}44\, c \cdot w\, \Phi\, 10^{-8},$$

so wird bei der untersten Stellung des Hebels durch die Windungen
a der maximale Kraftfluß erzeugt. Je weiter man den Hebel nach
oben bewegt, desto größer wird die ein-
geschaltete Windungszahl, der Kraftfluß Φ
wird also, da die Spannung E an den
Sammelschienen konstant gehalten wird,
abnehmen und in der obersten Stellung
ein Minimum sein. Dementsprechend ändert
sich auch die Spannungserhöhung durch
die Sekundärwicklung.

Die Spannungserhöhung bei diesen
Apparaten erfolgt sprungweise, entsprechend
der Zahl der eingeschalteten Windungen.
Man muß deshalb genügend viele Unter-

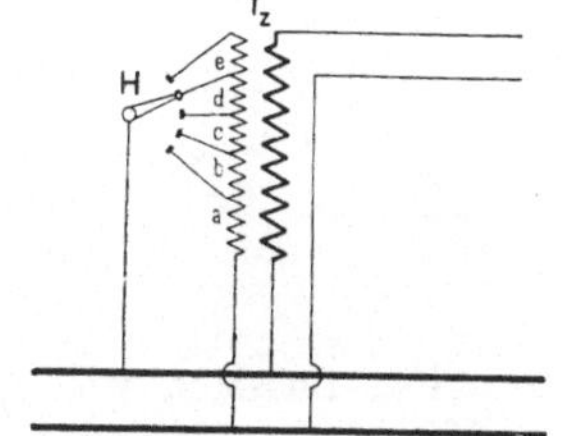

Fig. 138. Regulierung der
Speisepunktspannung
durch Zusatztransformator.

abteilungen im Zusatztransformator haben, da sonst die Beleuchtung in Mitleidenschaft gezogen würde und man an den

Lampen das Ab- und Zuschalten von Windungen jedesmal wahr-
nehmen würde.

Diese Möglichkeit ist vollkommen ausgeschlossen bei einer besonderen Art von Zusatztransformatoren, bei denen die Spannungserhöhung kontinuierlich erfolgt, und die außerdem noch den Vorteil
hat, daß sowohl in der Sekundär- wie auch in der Primärwicklung
keinerlei Schaltapparate vorhanden sind.

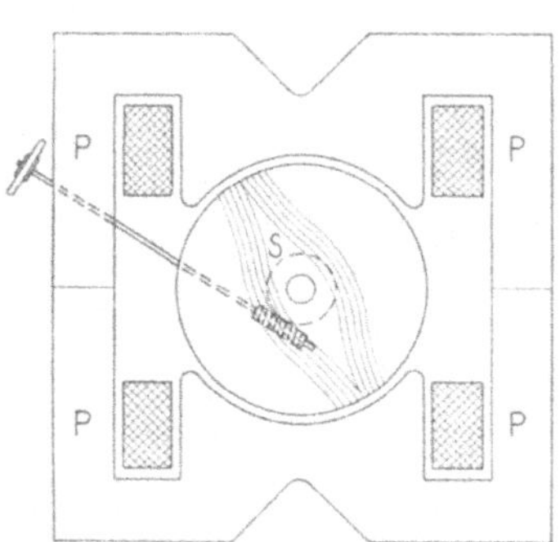

Fig. 139. Spannungserhöher in
Form einer zweipoligen Maschine.

Fig. 139 zeigt einen solchen
Spannungserhöher in Form einer
zweipoligen Maschine. Magnetgestell
und Anker sind aus lamelliertem
Blech hergestellt. Die Feldwicklung
P ist an die Sammelschienen der Zentrale angeschlossen, und bildet somit
die Primärwicklung. Die Sekundärwicklung S ist auf dem Anker in
Form einer einzigen Spule unterge-
bracht, die in die Speiseleitung gelegt ist. Der Kraftfluß dieses Transformators hat für alle Stellungen des
Ankers dieselbe Größe, während die
in der Ankerspule S induzierte EMK von der Stellung der Spule
zum Felde abhängt: in horizontaler Lage von S ist die Spannungserhöhung ein Maximum, in vertikaler ist sie gleich Null.
Das Einstellen der Spule S in die richtige Lage geschieht durch
ein Schneckengetriebe, das von Hand oder automatisch bewegt
werden kann. Die Speiseleitung ist entweder durch biegsame

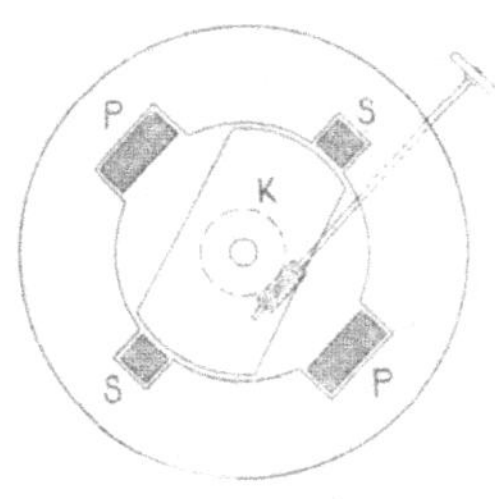

Fig. 140. Dasselbe wie
Fig. 139, aber mit festen
Wicklungen.

Drähte oder durch Schleifringe und Bürsten
mit der Spule S verbunden.

In Fig. 140 ist eine Anordnung dargestellt, die den Vorteil hat, daß sie nur feste
Wicklungen besitzt. P und S bedeuten
wieder die Primär- resp. Sekundärwicklung,
die erstere liegt wie vorhin im Nebenschluß
zu den Sammelschienen, die letztere ist mit
der Speiseleitung in Serie geschaltet. Durch
Variieren der Stellung des Eisenkerns K kann
der durch die Sekundärspule hindurch tretende
Kraftfluß beliebig verändert werden.

Fig. 141 zeigt die Regulierung einer Drehstromleitung mittelst
eines Drehstrommotors mit stillstehendem Anker. Das Feld (Primärwicklung) P ist wieder an die Sammelschienen s_1, s_2 und s_3 angeschlossen, die 3 Phasen des Rotors (Sekundärwicklung S) sind

aufgelöst und in den Anfang der Speiseleitung geschaltet. Durch die Statorwicklung wird ein konstantes Drehfeld erzeugt, welches in den 3 Phasen der Rotorwicklung eine konstante EMK E_r induziert.

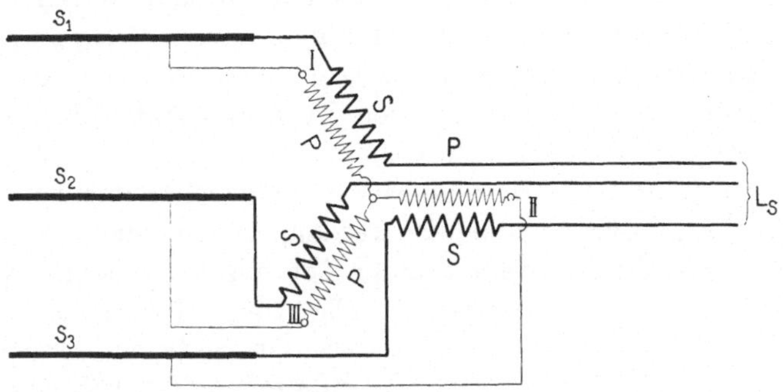

Fig. 141. Regulierung einer Drehstromleitung mittels eines Drehstrommotors mit feststehendem Anker.

Die Phase dieser EMK, die sich mit der Sammelschienenspannung geometrisch addiert, kann durch Drehung des Ankers vermittelst eines Schneckengetriebes beliebig verändert werden. In Fig. 142 bedeutet $OA = E_0$ die Phasenspannung an den Sammelschienen, $AB = E_r$ die in den einzelnen Phasen des Rotors induzierten EMKe; dann ist OB die resultierende Spannung am Anfang der Speiseleitung. Durch Veränderung der Phasenverschiebung zwischen E_r und E_0 kann die Spannung am Anfang der Speiseleitung von $OB_1 = E_0 - E_r$ bis $OB_2 = E_0 + E_r$ variiert werden. Alle diese Werte liegen auf einem Kreise mit dem Radius AB und dem Mittelpunkt A. Durch E_r wird zwar eine Phasenverschiebung erzeugt, die aber mit Vorteil zur teilweisen Kompensierung der Phasenverschiebung, die durch die Leitungsimpedanz oder die induktive Belastung verursacht wird, verwendet werden kann. Der Unterschied dieser Regulierungsmethode von den früheren besteht also darin, daß hier die Phase verschoben wird, die Zusatzspannung aber konstant bleibt, während bei den früheren Methoden die Zusatzspannung durch Verändern des Kraftflusses variiert wurde, die Phase aber konstant blieb.

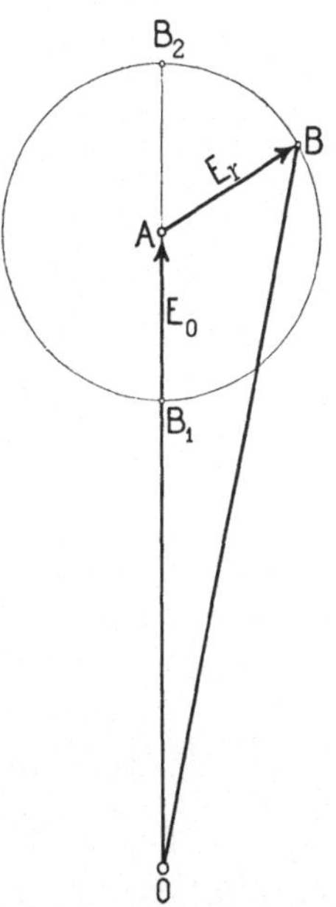

Fig. 142. Diagramm für die Regulierung von Fig. 141.

Bei der beschriebenen Regulierungsmethode mittels Drehstrommotoren tritt infolge des Drehfeldes ein mehr oder weniger großes Drehmoment auf, wodurch ein richtiges Einstellen des Rotors sehr erschwert wird. Diesen Übelstand kann man durch Verwendung eines zweiten Motors, der mit dem ersten festgekuppelt ist und dessen Drehfeld entgegengesetzte Richtung hat, beseitigen. Zuerst wurde diese Anordnung von Siemens & Halske bei der Kraftübertragung Paderno verwendet.

Zur Spannungserhöhung in Ein- und Mehrphasennetzen können auch Asynchronmaschinen benutzt werden, da bei ihnen der Widerstand und die Reaktanz direkt von der Tourenzahl abhängig ist (siehe Fig. 143). Die Primärwicklung wird in Serie mit der Speiseleitung geschaltet, während die Sekundärwicklung kurzgeschlossen ist. Die Reaktanz ist stets positiv, der Widerstand dagegen positiv unterhalb des Synchronismus und negativ oberhalb desselben, d. h. unterhalb des Synchronismus ist die Asynchronmaschine Motor und verkleinert deshalb die Spannung und oberhalb des Synchronismus ist sie Generator, erhöht also die Spannung. Wie man aus Fig. 143 ersieht, verändert sich in der Nähe des Synchronismus der Widerstand aber sehr schnell mit der Tourenzahl und da eine genaue Regulierung der Tourenzahl sehr schwierig ist, so leidet darunter auch die Regulierung der Spannung am Anfang der Speiseleitung und somit die ganze Methode.

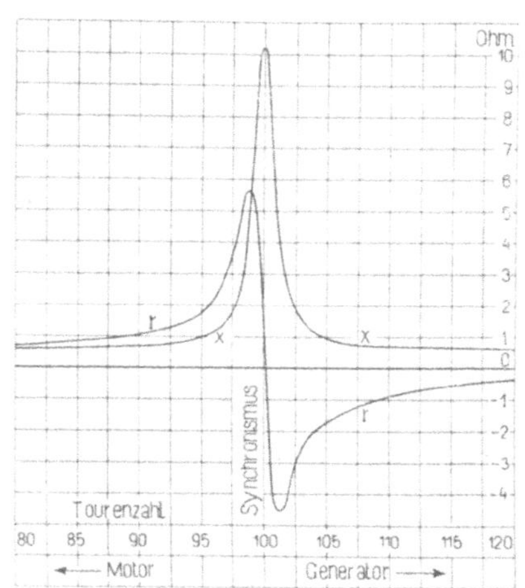

Fig. 143. Widerstand und Reaktanz eines asynchronen Motors in Abhängigkeit von der Tourenzahl.

71. Regulierung durch wattlose Ströme.

Auf Seite 71 sahen wir, daß die aufgedrückte Klemmenspannung E_0 bei gegebenen Werten von J und E_1 sich mit dem Phasenverschiebungswinkel φ_b veränderte. Für $\varphi_b = \alpha$ war E_0 ein Maximum, nahm φ_b ab oder zu, so sank auch E_0. In Fig. 144 ist das Diagramm[1]) einer Speiseleitung nochmals aufgezeichnet. Betrachten wir J und E_1 wieder als konstante Größen, φ_b als

---

[1]) Vergl. Steinmetz, Electrical Engineering, Seite 60.

veränderlich und untersuchen wir im folgenden, wie E_0 sich mit φ_b verändern müßte, damit J und E_1 konstant bleiben.

Um das Diagramm möglichst einfach zu gestalten, möge J im Gegensatz zu den früheren Diagrammen seine Richtung beibehalten, dafür aber der Vektor E_1 gedreht werden. Dann bleibt auch der Spannungsabfall $\varDelta E_{10}$ sowohl der Größe als auch der Richtung nach für alle Werte, die φ_b annehmen kann, konstant. E_1 bewegt sich also auf einem Kreise vom Radius gleich E_1 um den Mittelpunkt O und E_0 um einen Kreis vom gleichen Radius

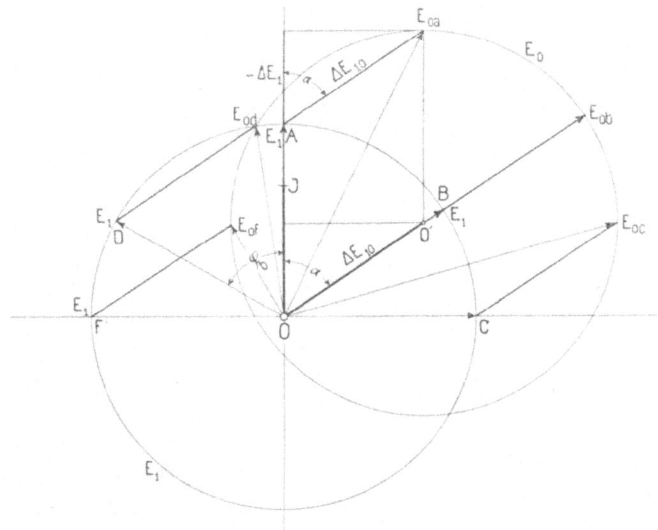

Fig. 144. Veränderung der Speisepunktspannung durch wattlose Ströme.

um den Mittelpunkt O', wo OO' gleich dem Spannungsabfall $\varDelta E_{10}$ der Speiseleitung beim Strome J ist.

Verfolgen wir jetzt E_1 und E_0 für die verschiedenen Werte von φ_b:

Ist $\varphi_b = 0$, so fällt E_1 in die Richtung von OA und die aufgedrückte Klemmenspannung E_0 wird gleich OE_{0a}. Bei Nacheilung des Stromes wächst E_0 und $\varphi_b = \alpha$ wird $E_1 = OB$ und E_0 ein Maximum, nämlich gleich OE_{0b}. Wird φ_b noch größer, so nimmt E_0 wieder ab, bis es für $\varphi_b = 90^0$ den Wert EO_{0c} erreicht. Bei Voreilung des Stromes nimmt E_0 ab und erreicht für $E_1 = OD$ den Wert OE_{0d}, d. h. $E_0 = E_1$.

In diesem Falle ist der Spannungsabfall in der Speiseleitung gleich Null. Wird die Voreilung noch größer, so wird $E_0 < E_1$ und erreicht für $\varphi_b = -90^0$ den kleinsten Wert. Durch Veränderung der Phasenverschiebung φ_b (mit Synchronmotoren oder Umformern) haben wir es also in der Hand, den Spannungsabfall in der Speiseleitung beliebig variieren zu können.

In Fig. 145 ist den praktischen Verhältnissen entsprechend der Nutzstrom J und die Größe der Spannung E_0 als gegeben zu betrachten. Wie groß muß der Phasenverschiebungswinkel φ_b resp. der wattlose Strom J_0 sein, wenn an den Enden der Leitung die Spannung E_1 herrschen soll?

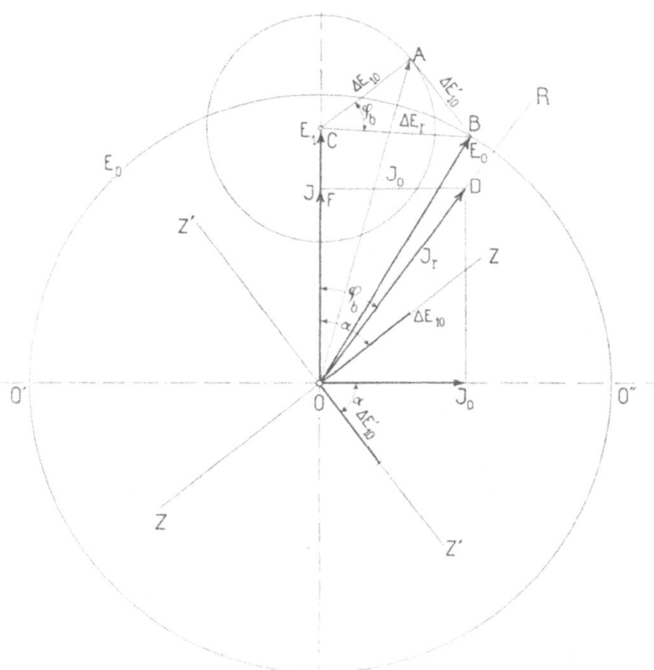

Fig. 145. Diagramm zur Regulierung der Speisepunktspannung durch wattlose Ströme.

Vorerst nehmen wir an, E_1 und J seien in Phase. Der Spannungsabfall in der Leitung $(\varDelta E_{10})$ sei gegeben durch den Vektor CA. Senkrecht zu dieser Richtung (also in Richtung $z'z$) liegen die Spannungsabfälle der wattlosen Ströme. Um den Strom J bei einer Nutzspannung E_1 und der Phasenverschiebung $\varphi_b = 0$ durch die Leitung hindurch zu treiben, wäre eine Klemmenspannung von OA erforderlich. Diese Spannung ist aber größer als die uns zur Verfügung stehende Spannung E_0. Somit müssen wir noch einen Spannungsabfall $\varDelta E_{10}' = AB$, der von einem wattlosen Strom

J_0 erzeugt wird, hinzufügen, damit wir mit E_0 die gestellte Bedingung erfüllen können.

Wir müssen also in der Leitung durch einen wattlosen Strom J_0 noch den Spannungsabfall $A\,B = \varDelta\,E_{10}{}'$ (senkrecht auf $C\,A$) erzeugen, so daß der resultierende Spannungsabfall $\varDelta\,E_r = C\,B$ wird. Der resultierende Strom J_r, der diesem Spannungsabfall entspricht, setzt sich aus dem Nutzstrom J und dem wattlosen Strome J_0 zusammen und eilt dem Wattstrom J um denselben Winkel φ_b voraus, wie $\varDelta\,E_r$ dem Spannungsabfall $\varDelta\,E_{10}$. Um J_r zu erhalten, ziehen wir in Fig. 144 die Linie $O\,R$, die mit dem Nutzstrom $J = O\,F$ den $\not\subset \varphi_b$ einschließt, errichten in F auf J die Senkrechte und bringen sie mit der Geraden $O\,R$ zum Schnitt. D sei der Schnittpunkt, dann ist $O\,D$ der resultierende Strom J_r und $F\,D$ der gesuchte wattlose Strom J_0. Es ist

$$\operatorname{tg} \varphi_b = \frac{\varDelta\,E_{10}{}'}{\varDelta\,E_{10}} = \frac{J_0}{J} \quad \text{und}$$

$$E_0 = \sqrt{(E_1 + J\,R + J_0\,x)^2 + (J\,x + J_0 \cdot R)^2}.$$

Sind E_0, E_1, J, R und x gegeben, so kann J_0 aus der letzten Gleichung berechnet werden.

Besteht zwischen J' und E_1 Phasenverschiebung, so zerlegt man den Strom J zuerst in seine Watt- und wattlose Komponente. Durch Veränderung der wattlosen Komponente, deren Größe wie vorhin bestimmt wird, kann der Spannungsabfall beliebig verändert werden.

Die Erzeugung von wattlosen Strömen zur Regulierung der Spannung kann durch Unter- und Übererregung von Synchronmotoren oder rotierenden Umformern geschehen, und zwar erhält man nacheilende wattlose Ströme (in Richtung von $O\,O'$), wenn diese Maschinen untererregt sind, voreilende wattlose Ströme (in Richtung von $O\,O''$), wenn sie übererregt sind.

Dieses Verhalten der Maschinen wird vielfach verwendet zur Regulierung der Spannung auf der Gleichstromseite von Umformern, deren Erregung aus einer schwachen Nebenschluß- und einer sehr kräftigen Hauptschlußwicklung besteht. Bei Leerlauf sind solche Maschinen deshalb sehr stark untererregt und die Leitung hauptsächlich durch nacheilende wattlose Ströme belastet. Damit nun diese wattlosen Ströme denselben Spannungsabfall in der Leitung wie bei Vollast erzeugen, muß die Reaktanz der Leitung einen bestimmten Wert haben, der event. durch Drosselspulen, die in geeigneter Weise vor dem Umformer in die Speiseleitung eingeschaltet werden, erreicht wird. Bei zunehmender Belastung steigt

infolge des Einflusses der Hauptschlußwicklung die Erregung; die
wattlosen Ströme nehmen ab, dafür werden die Wattströme größer,
so daß der Spannungsabfall je nach den Verhältnissen konstant
bleibt oder sogar abnimmt. Diese Regulierungsart wird in Amerika
bei Umformern für Bahnanlagen verwendet. Dabei wird die Haupt-
schlußerregung so gewählt, daß bei $^3/_4$ Belastung die Phasenverschiebung $\varphi_b = 0$ ist; man erreicht dadurch, daß die Spannung
auf der Gleichstromseite von Leerlauf bis Vollast von z. B. 500
auf 550 Volt steigt.

Sachregister.